国家级特色专业建设项目
国家级实验教学示范中心建设成果
高等院校临床医学专业实践类教材系列

生物化学与分子生物学实验教程

主　编　黄东爱
副主编　肖　曼　费小雯
主　审　蔡望伟

图书在版编目（CIP）数据

生物化学与分子生物学实验教程／黄东爱主编．
—杭州：浙江大学出版社，2013.6（2015.8 重印）
ISBN 978-7-308-11583-4

Ⅰ.①生… Ⅱ.①黄… Ⅲ.①生物化学—实验—教材
②分子生物学—实验—教材 Ⅳ.①Q5—33②Q7—33

中国版本图书馆 CIP 数据核字（2013）第 115080 号

生物化学与分子生物学实验教程

黄东爱　主编

丛书策划 阮海潮（ruanhc@zju.edu.cn）
责任编辑 季　峥
出版发行 浙江大学出版社
（杭州市天目山路 148 号　邮政编码 310007）
（网址：http://www.zjupress.com）
排　　版 杭州中大图文设计有限公司
印　　刷 富阳市育才印刷有限公司
开　　本 787mm×1092mm　1/16
印　　张 10
字　　数 260 千
版 印 次 2013 年 6 月第 1 版　2015 年 8 月第 2 次印刷
书　　号 ISBN 978-7-308-11583-4
定　　价 20.00 元

版权所有　翻印必究　　印装差错　负责调换

浙江大学出版社发行部联系方式：0571—88925591；http://zjdxcbs.tmall.com

高等院校临床医学专业实践类教材系列

编写说明

海南医学院组织编写的这套临床医学专业五年制本科实践类教材是一套以岗位胜任力为导向，以实践能力培养为核心，以技能操作训练为要素、统一规范并符合现代医学发展需要的系列教材。这套教材包括《临床技能学》、《临床见习指南》(分为外科学、内科学、妇产科学、儿科学四个分册)、《系统解剖学实验教程》、《形态学实验教程》、《生物化学与分子生物学实验教程》、《病原生物学与免疫学实验教程》、《预防医学实验教程》、《英汉对照妇产科实践指南》，共11部。本套教材的编写力求体现实用、可操作性等特点。在编写中结合临床医学专业教育特色，体现了早临床、多临床、反复临床的教改思想，在尽可能不增加学生负担的前提下，注重实践操作技能的培养。我们希望通过本套教材的编写及使用，不断探索临床医学实践教学的新思路，为进一步推进医药卫生人才培养模式变革作出新的贡献。

本套教材适用于五年制临床医学专业的医学生，同时也是低年资住院医师作为提高工作能力的参考书。

限于编写人员的知识水平和教学经验，本套教材一定存在许多错误，敬请各位教师、学生在使用过程中，将发现的问题及时反馈给我们，以便再版时更正和完善。

高等院校临床医学专业实践类教材建设委员会主任

陈志斌

2013 年 3 月

高等院校临床医学专业实践类教材

建设委员会

主 任 委 员　陈志斌

副主任委员　谢协驹　林英姿

委　　　员　（以姓氏笔画为序）

马志健　刘云儒　吕　刚　孙早喜

李天发　李　群　杨　堃　陈　路

金　松　郝新宝　钟南田　凌　奕

常彩红　黄东爱　蒙　晶

秘 书 长　何琪懿

秘　　书　廖宇航　冯　明

本套教材目录

1.临床技能学	主编　陈　路　郝新宝　孙早喜
2.临床见习指南——内科学分册	主编　李天发
3.临床见习指南——外科学分册	主编　杨　堃
4.临床见习指南——妇产科学分册	主编　金　松
5.临床见习指南——儿科学分册	主编　蒙　晶
6.系统解剖学实验教程	主编　马志健
7.形态学实验教程	主编　李　群　钟南田
8.生物化学与分子生物学实验教程	主编　黄东爱
9.病原生物学与免疫学实验教程	主编　吕　刚　夏乾峰　常彩红
10.预防医学实验教程	主编　刘云儒
11.英汉对照妇产科实践指南	主编　凌　奕　金　松

《生物化学与分子生物学实验教程》

编　委　会

主　编　黄东爱

副主编　肖　曼　费小雯

主　审　蔡望伟

编　者　（以拼音为序）

蔡望伟　蔡　苗　杜冠魁　费小雯

高新征　黄东爱　李崇奇　麦明晓

颜冬菁　肖　曼　王咸寿　王小英

王　政

前　言

随着生命科学的迅速发展，生物化学与分子生物学技术已经渗透到生命科学的各个研究领域。生物化学与分子生物学是一门实验性学科，其理论的形成和发展几乎都以实验技术为基础。实验教学不仅是生物化学与分子生物学教学工作的重要组成部分，而且是学生正式走上科学研究或其他工作岗位前的一种必需的培训。为了顺应国家教育部、卫生部关于强化实践教学环节，体现早临床、多临床、反复临床的要求，适应实验教学的需要，特编写此实验教材。

本教材以生物化学与分子生物学常用实验技术为主要内容，以方法学为主，系统地介绍了当今生命科学领域常用技术的原理、实验操作步骤、影响因素及应用等；同时，依据“模块化、系统化”的课程改革思路，将教材分为以光谱、电泳、色谱、蛋白质分析技术、酶学技术为代表的生物化学实验技术和以核酸分离纯化、核酸鉴定分析为主要内容的分子生物学技术两大部分，并安排了20个实验，内容涵盖了蛋白质化学、核酸化学、酶学、维生素、糖代谢、脂类代谢、分子生物学等不同方面。

本教材的出版得到了海南医学院有关领导的大力支持，在整个编写过程中得到了蔡望伟教授的精心指导，蔡教授对本教材的编写大纲、初稿和终稿都进行了认真地审阅，并提出了宝贵的修改意见；全体参编人员为本教材的策划、编写大纲的制订、审稿和编写工作付出了辛勤的劳动；在出版过程中，浙江大学出版社给予了大力支持，在此一并表示衷心的感谢。

由于编者水平有限，时间仓促，难免存在欠妥和疏漏之处，敬请同行专家和使用本教材的师生批评指正。

黄东爱

于海南医学院

前言

目　录

绪　论

一、生物化学与分子生物学实验课的目的和任务

1. 实验是科学理论的实践与论证。通过实验，学生可以了解生物化学和分子生物学知识与理论的由来。

2. 通过具体的实验操作，锻炼学生的动手能力，并使学生掌握生物化学和分子生物学的基本实验方法与技能。

3. 通过实验，训练学生观察、比较、记录、分析、判断、推理和综合等科学思维能力、独立思考问题和解决问题的能力，培养学生严谨、实事求是的科学作风。

二、生物化学与分子生物学实验室规则和注意事项

1. 严格遵守实验室的各项规章制度，遵守纪律，不得无故旷课、迟到或早退，自觉维护实验室秩序，不得大声喧哗。

2. 着装整洁，进入实验室应穿白大衣，否则教师有权阻止其进入实验室。

3. 在操作时必须注意安全，使用易燃、易爆、有毒、带菌等材料进行实验时，应严格按规定要求进行操作，以防失火和避免污染。

4. 严格遵守操作规程，爱护仪器设备、实验器械用品及室内设施。实验过程中，不能将实验室各种设备及其他实验用品带到室外，因不听指挥、不遵守操作规程、违章使用仪器设备或器械而造成人身伤害或仪器损坏的，将按学校的有关规定处理。

5. 实验结束时应将实验用品、器械清洗干净，分类整理，放回原处，得到老师认可后方能离开。

6. 严禁烟火，注意安全，自觉维护实验室公共卫生，保持实验室清洁整齐，不乱丢废弃物。

7. 节约用水、电、药品及实验材料，杜绝浪费。

8. 建立实验室值日制度，值日生离开实验室前需协同老师关好水、电、门、窗。

9. 认真保管好自己所带的财物，如因自己保管不当而造成损坏或丢失，实验室管理人员概不负责赔偿。

三、生物化学与分子生物学实验课的要求

1. 预习。学生在实验课前应认真预习实验指导，必须对该项实验的目的要求、基本原理、操作方法等实验内容有一定的了解。

2. 独立操作与协调分工。实验一般都由学生独立进行，要按操作程序反复练习，以达到一定的熟练程度。个别实验由两个或两个以上学生共同完成，要做好协调分工，以保证每个

学生都有操作练习的机会。

3. 实验过程中要仔细观察实验现象，及时记录原始实验数据。

4. 实验报告应于实验结束时呈交。

四、生物化学与分子生物学实验报告的要求及书写格式

实验报告是学生对实验内容掌握情况的主要反映，必须根据个人的观察，以实事求是的态度忠实地记录、分析实验现象及/或实验数据，综合分析、归纳实验结果。不应该抄袭实验指导或其他同学的报告。实验报告中的原始实验记录必须真实、准确、简练、完整、清楚，分析、归纳和综合必须有理有据。实验报告的内容与格式要求如下：

1. 实验项目名称。

2. 实验目的。

3. 实验原理(实验的基本原理)。

4. 实验操作步骤。

5. 实验结果，包括：

(1)描述实验现象；

(2)记录原始实验数据；

(3)处理或计算原始实验数据。

6. 讨论(对实验中遇到的难题、异常现象进行探讨、分析，提出解决的办法)。

(黄东爱　王咸寿)

第一章　生物化学与分子生物学实验基本仪器和基本操作

第一节　移液器的选择原则及使用方法

一、移液器的选择原则

1. 学生实验常用的移液器的规格(最大量程)一般为 2.5μl、10μl、20μl、50μl、100μl、200μl 和 1000μl。通常来说,移液器的可用量程范围是移液器最大量程的 10%～100%,即上述各移液器的可用量程范围分别是 0.25～2.5μl、1～10μl、2～20μl、5～50μl、10～100μl、20～200μl、100～1000μl。而移液器的最佳使用量程范围是其最大量程的 1/3 到其最大量程,因此上述各移液器的最佳使用量程范围分别是 0.7～2.5μl、3～10μl、6～20μl、16～50μl、33～100μl、66～200μl、330～1000μl。

2. 按照上述移液器的可用量程范围和最佳使用量程范围,在实验过程中根据移液量的多少选择合适的移液器。对于同一支移液器,一般随着其移液量的变小,其精度也越来越小。一般说来,当移液量为最大量程的 50%时,其精度比最大量程时略小,但变化不大;当移液量为最大量程的 10%时,其精度与最大量程时相比会差很多。例如,对于最大量程为 20μl、200μl 和 1000μl 的移液器,当在最大量程点使用时,准确性(±%)一般都在 1 左右,重复性(≤%)一般是 0.1～0.3;而当在 10%量程点使用时,准确性(±%)一般是 3～8,重复性(≤%)一般是 0.5～2。因此,当移液量为 10μl 时,最好选择 10μl 和/或 20μl 或 50μl 的移液器,而不要选择 100μl 或 200μl 的移液器;当移液量为 100μl 时,最好选择 100μl 和/或 200μl 的移液器,而不要选择 1000μl 的移液器;以此类推。

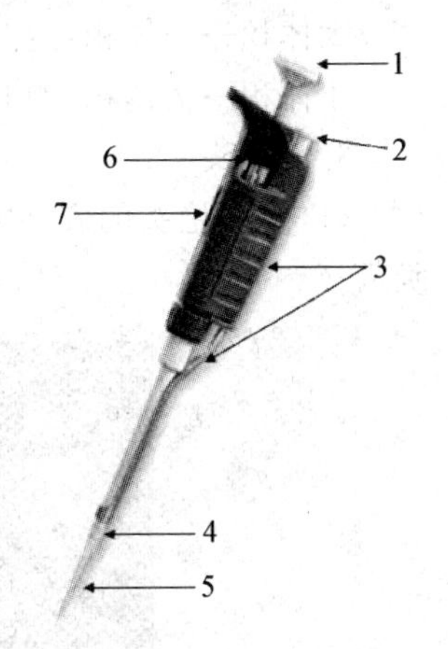

图 1-1　移液器的结构
1-液体吸放按钮;2-枪头排放按钮;3-枪头排放器;4-枪头接嘴;5-枪头;6-体积调节旋钮;7-体积显示刻度盘

二、移液器的使用方法

1. 移液器的基本结构

如图 1-1 所示。

2. 设定体积方法

(1)粗调:通过调节旋钮将容量值迅速调整至接近所需的设定值(图 1-2a);

(2)细调:当容量值接近设定值以后,应将移液器刻度显示窗

a. 调整按钮为粗调　　　　b. 调整摩擦环为细调

图 1-2　体积设定方法

平行放至自己的眼前，通过调节旋钮慢慢地将容量值调至设定值(图 1-2b)，从而避免视觉误差所造成的影响；

(3)设定容量值时的注意事项如图 1-3 所示。

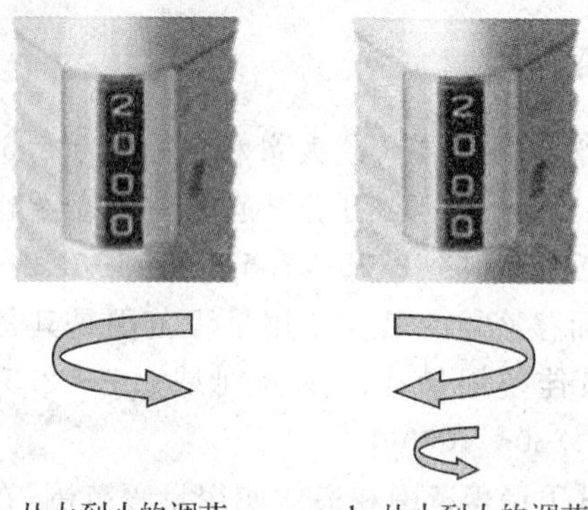

a. 从大到小的调节　　　　b. 从小到大的调节

图 1-3　体积调节旋钮使用方法

大体积→小体积：逆时针(图 1-3a)。

小体积→大体积：顺时针超过设定刻度，再回调(图 1-3b)。保证最佳的精确度。

3. 装枪头

(1)散装枪头的安装方法：将移液器竖直插入枪头，左右微微转动，上紧即可，如图 1-4 所示。

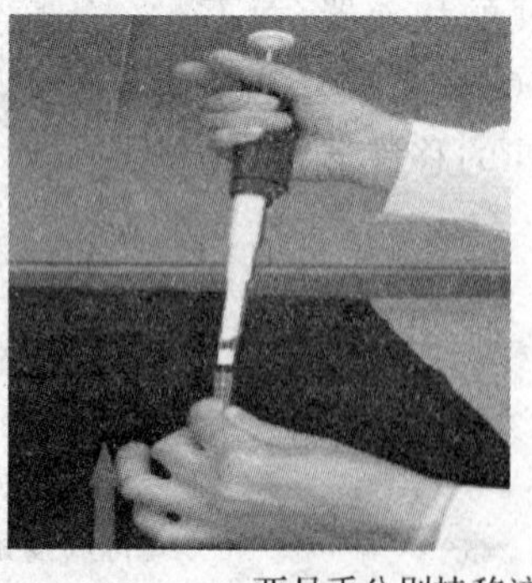
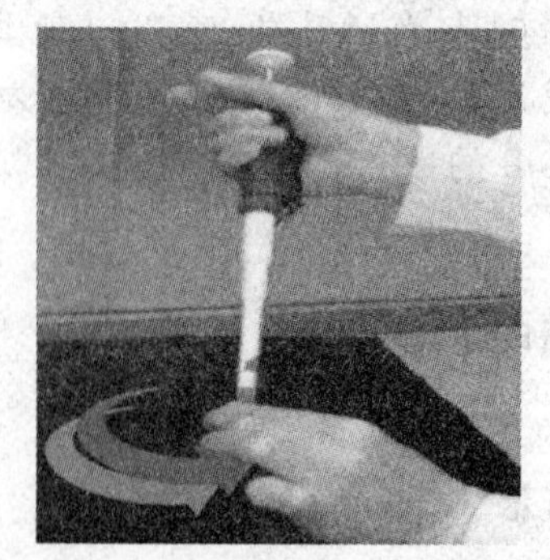

两只手分别持移液器和枪头，安装后旋转

图 1-4　散装枪头的安装方法

(2)盒装枪头的安装方法：将移液器竖直插入枪头中，稍用力下压，然后旋转即可，如图

1-5 所示。

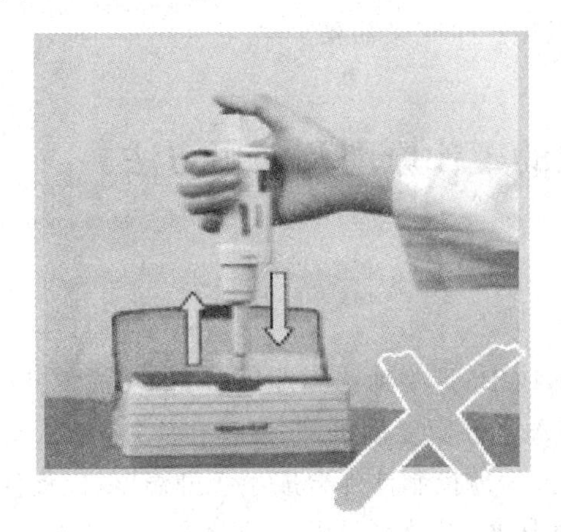
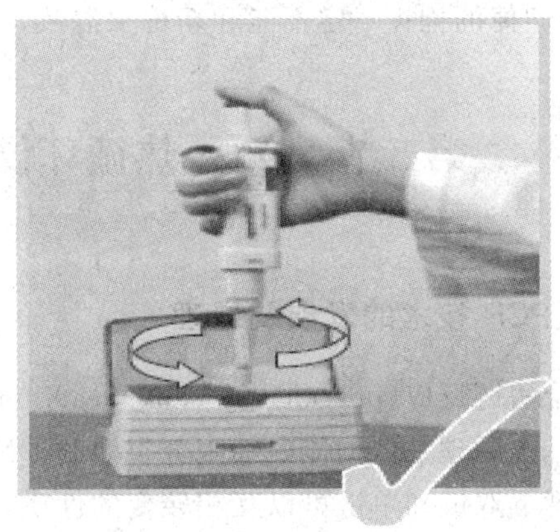

图 1-5　盒装枪头的安装方法

4. 吸液

(1)垂直吸液,枪头尖端需浸入液面 2～4mm 以下。若溶剂瓶中液体太少,请倒入 EP 管中,方便吸取。

(2)枪头预润湿(3 次),枪头内壁会吸附一层液体,使表面吸附达到饱和,然后再吸入样液,最后打出液体的体积会很精确。

(3)慢吸,控制好弹簧的伸缩速度,吸液速度太快会产生反冲和气泡,导致移液体积不准确。

(4)将移液器提离液面,停约 1s。观察是否有液滴缓慢地流出,若有流出,说明有漏气现象,原因可能是枪头未上紧或移液器内部气密性不好。

(5)若有外壁残留,用滤纸蘸擦枪头外面附着的液滴。

5. 放液

(1)将枪头口贴到容器内壁并保持 10°～40°倾斜。

(2)平稳地把按钮压到一挡,停约 1s 后压到二挡,排出剩余液体;排放致密或黏稠液体时,压到一挡后,多等 1～2s,再压到二挡。

(3)压住按钮,同时提起移液器,使枪头贴容器壁擦过,再松开按钮。

(4)按弹射器除去枪头(吸取不同液体时需更换枪头)。

(5)使用完毕,调至最大量程。移液器长时间不用时建议将刻度调至最大量程,让弹簧恢复原形,以延长移液器的使用寿命。

6. 移液器使用的注意事项

(1)当移液器枪头内有液体时切勿将移液器水平或倒置放置,以防液体流入活塞室腐蚀移液器活塞。

(2)如液体不小心进入活塞室,应及时清除污染物。

(3)平时检查是否漏液的方法:吸液后在液体中停 1～3s,观察枪头内液面是否下降。如果液面下降,首先检查枪头是否有问题,如有问题更换枪头;更换枪头后液面仍下降说明活塞组件有问题,应找专业维修人员修理。

(4)吸取液体时一定要缓慢平稳地松开拇指,绝不允许突然松开,以防溶液吸入过快而冲入取液器内腐蚀柱塞而造成漏气。

(5)卸掉的枪头一定不能和新枪头混放,以免产生交叉污染。

第二节　DNA 热循环仪的工作原理及使用方法

一、PCR 技术的发展及原理

聚合酶链反应(polymerase chain reaction,PCR)是一种选择性扩增 DNA 或 RNA 的方法。其基本原理是依据体内细胞分裂中的 DNA 半保留复制机理,以及在体外 DNA 分子于不同温度下双链和单链可以互相转变的性质,人为地控制体外合成系统的温度,以促使双链 DNA 变成单链;单链 DNA 与人工合成的引物退火,以及在 dNTP 存在下,耐高温的 DNA 聚合酶使引物沿单链模板延伸成为双链 DNA。通过高温变性、低温退火、适温延伸三步反应循环进行,目的 DNA 得以迅速扩增。

PCR 技术的本质是核酸扩增技术,重复"变性(denature)→退火(anneal)→引物(primer)延伸(extension)"过程 25～35 个循环,呈指数级扩大待测样本中的核酸拷贝数,达到体外扩增核酸序列的目的(图 1-6)。

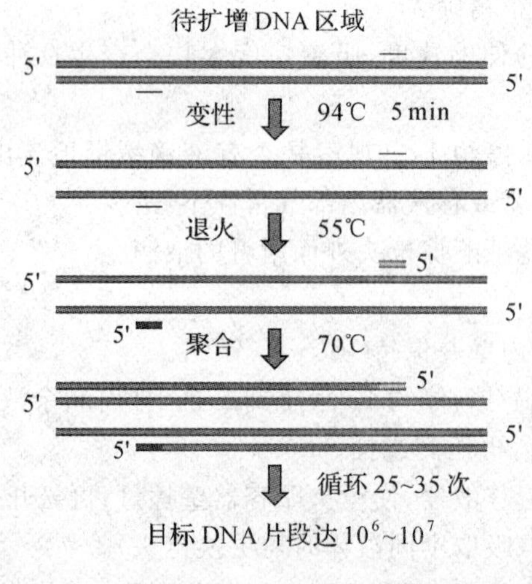

图 1-6　PCR 的基本原理

在 PCR 技术的发展过程中,热稳定 DNA 聚合酶的发现以及温度循环的自动化大大简化了 PCR 程序,使 PCR 的自动化成为可能,并在此基础上不断发展和改进。

二、PCR 基因扩增仪的工作原理

从 PCR 反应的基本原理可以看出,PCR 基因扩增仪工作的关键是温度控制。温度控制的方式主要有以下几种:

1. 水浴锅控温

以不同温度的水浴锅串联成一个控温体系。该种方式的优点是样品与水直接无缝接

触，控温准确，温度均一性好，无边缘效应；缺点是体积大，自动化程度不高，需人为干预，更换水浴锅时控温不稳定。

2. 压缩机控温

由压缩机自动控温，金属导热。控温较第一代 PCR 基因扩增仪方便，但压缩机故障率高，边缘效应及实际温度高于设定温度的现象普遍。

3. 半导体控温

由半导体自动控温，金属导热。控温方便，体积小，相对稳定性好，但仍有边缘效应，温度均一性尚有欠缺，各孔扩增效率可能不一致，而且仍存在实际温度高于设定温度的现象。

4. 离心式空气加热控温

由金属线圈加热，采用空气作为导热媒介。温度均一性好，各孔扩增效率高度一致，满足荧光定量 PCR 的高要求。

三、PCR 基因扩增仪的分类

PCR 基因扩增仪一般有四种类型，分别是普通基础 PCR 仪、梯度 PCR 仪、实时荧光定量 PCR 仪和原位 PCR 仪。这四种 PCR 仪的工作原理有相似的地方，但在结构和配件方面还存在一些差异。

1. 普通基础 PCR 仪由主机、加热模块、PCR 管样品基座、热盖、控制软件组成。

2. 梯度 PCR 仪除具有普通 PCR 仪的结构外，还具有特殊的梯度模块，可实现对梯度温度和梯度时间等参数的调整。因此，可以在一次实验中对不同样品设置不同的退火温度和退火时间，从而可在短时间内对 PCR 实验条件进行优化，提高 PCR 科研效率。

3. 实时荧光定量 PCR 仪是在普通基础 PCR 仪上增加一个荧光信号采集系统和计算机分析处理系统。荧光检测系统主要包括激发光源和检测器。激发光源有卤钨灯光源、氩离子激光器、发光二极管 LED 光源，前者可配多色滤光镜实现不同激发波长，而单色发光二极管 LED 价格低、能耗少、寿命长，不过因为是单色，需要不同的 LED 才能更好地实现不同激发波长。监测系统有超低温 CCD 成像系统和 PMT 光电倍增管，前者可以一次对多点成像，后者灵敏度高，但一次只能扫描一个样品，需要通过逐个扫描实现多样品检测，对于大量样品来说需要较长的时间。

4. 原位 PCR 仪与普通基础 PCR 仪相比，用玻片代替了 PCR 管，其反应过程是在载玻片的平面上进行的。

四、PCR 基因扩增仪的使用

普通 PCR 仪的操作通常非常简便，打开电源，仪器自检，设置温度程序或调出储存的程序，运行即可。定量 PCR 仪的操作其实和普通 PCR 仪无多大差别。一般一个 PCR 体系的运行包括以下几个步骤：

1. 预变性

94～95℃，2～10min，一般为 5min。

2. 变性

94℃，30s～2min，一般为 45s～1min。

3. 退火

温度自定，30s～2min。

4. 延伸

70～75℃（一般72℃），对于<2kb的片段，<1min；>2kb的片段，每增加1kb加1min。

5. 循环数

一般25～35个循环。

6. 最终延伸

72℃，5～15min。

7. 保存

4℃，时间设为0，则为不限时。

8. 结束

五、使用PCR基因扩增仪的注意事项

1. 上样

实验所需PCR管及样品较少时，一般将试管放置在样品槽中间位置，并且在样品槽的四个角上各放置一支相同规格的PCR管（包括管盖），以避免样品挥发及实验结果误差。

2. 热盖

加入样品前或取出样品前，逆时针推动热盖的彩色手轮可以松开热盖。加入样品后，顺时针推动手轮可以压紧热盖。压紧热盖时应注意以下原则：当旋动手轮听到"咔咔"声后即可，这样可保证热盖压紧又不会因压力过大而导致样品管变形。注意：打开或关闭热盖时，应轻抬轻放，以防过强震动而导致热盖机械故障。

3. LCD显示屏

禁止对仪器进行紫外线消毒，否则可能会破坏LCD液晶显示屏。使用过程中，避免用坚硬的物体磕碰、划伤显示及操作部分，以免损坏。

六、PCR基因扩增仪的应用

PCR仪除可用于感染性疾病、遗传性疾病和恶性肿瘤的分子诊断与研究外，还可用于移植配型、法医学和分子生物学的其他领域。

第三节　离心机的工作原理及使用方法

一、离心分离的基本原理

当含有细小颗粒的悬浮液静置不动时，重力场的作用使得悬浮的颗粒逐渐下沉。粒子越重，下沉越快；反之，密度比液体小的粒子就会上浮。微粒在重力场下移动的速度与微粒的大小、形态和密度有关，又与重力场的强度及液体的黏度有关。

此外，物质在介质中沉降时还伴随扩散现象。扩散是无条件的、绝对的。扩散与物质的质量成反比，颗粒越小，扩散越严重。而沉降是相对的、有条件的，要受到外力才能运动。沉

降速度与物体重量成正比，颗粒越大，沉降越快。对于直径小于几微米的微粒(如病毒或蛋白质等)，它们在溶液中成胶体或半胶体状态，仅仅利用重力是不可能观察到沉降过程的。因为颗粒越小，沉降越慢，而扩散现象则越严重。因此，需要利用离心机产生强大的离心力，才能迫使这些微粒克服扩散，产生沉降运动。

离心就是利用离心机转子高速旋转产生的强大的离心力，加快液体中颗粒的沉降速度，把样品中不同沉降系数和浮力密度的物质分离开。颗粒沉降的速度和时间主要取决于离心力、浮力和介质摩擦力。

离心速度的表示方式：

1. 转速

2. 相对离心力(relative centrifugal force，RCF)

用重力加速度的多少倍来表示，称作多少个 $g(\times g)$

$$RCF=\omega^2 R/g=1.119\times10^{-5}\times R\times N^2$$

式中：R 为管口与管底离旋转轴的平均距离，cm；g 为重力加速度，大小为 $9.8m/s^2$；N 是离心机转子每分钟旋转的次数，r/min；ω 是角速度，等于 $2\pi N/60$，单位是弧度/s。

二、离心机的一般结构

离心机的基本结构包括驱动系统、制冷系统和控制系统三大部分。驱动系统包括电机，它是离心机的心脏，是提供离心机动力的重要组成部分，有利于精确控制速度。制冷系统主要由温度传感器和制冷器组成。由于高速离心机或超高速离心机速度高达每分钟数万转，转头与空气摩擦产生大量的热，这不但会令样品在离心时发生变化，还会导致转头受热膨胀，而制冷系统可以消除摩擦所产生的大量热，保护样品和离心转头。控制系统是离心机的指挥中心，各种参数的设定通过控制系统来执行。

三、离心机的类型及用途

根据最大转速或最大相对离心力的不同，离心机分为低速离心机、高速离心机和超速离心机三种类型。不同类型的离心机可用于不同物质的分离纯化。

1. 低速离心机

最大转速 6000r/min 左右，最大相对离心力近 $6000\times g$。用于收集易沉降的大颗粒物质，如红细胞、酵母细胞等。

2. 高速离心机

最大转速为 20000～25000r/min，最大相对离心力为 $89000\times g$。通常用于微生物菌体、细胞碎片、大细胞器、蛋白质的硫酸铵沉淀物和免疫沉淀物等的分离纯化工作，但不能有效地沉降病毒、小细胞器(如核蛋白体)或单个分子。

3. 超速离心机

转速大于 30×10^3 r/min，最大相对离心力 $600000\times g$，有驱动和速度控制系统、温度控制系统、真空系统(减少摩擦)。它能使过去仅仅在电子显微镜中观察到的亚细胞器得到分级分离，还可以分离病毒、核酸、蛋白质和多糖等。

四、离心机的使用方法

离心机的使用步骤如下：

1. 插入电源，启动离心机。

2. 设置转速、时间和温度(如是常温离心机可不用设置温度)。

3. 打开盖子，放入离心管。

4. 旋上内部的盖子，然后盖上离心机的盖子。

5. 按启动键开始离心。

6. 离心结束后，打开盖子，取出离心管，关闭电源。

五、离心机使用的注意事项

1. 使用各种离心机前，必须事先在天平上精密地平衡离心管和其内容物，平衡时重量之差不得超过所用离心机说明书上所规定的范围。

2. 离心前必须仔细检查转头各孔内有无异物。

3. 根据待离心液体的性质及体积选用合适的离心管。有的离心管无盖，液体不得装得过多，以防离心时甩出，造成转头不平衡、生锈或被腐蚀。

4. 离心过程中不得随意离开，应随时观察离心机上的仪表是否正常工作，如有异常的声音应立即停机检查，及时排除故障。

5. 每个转头各有其最高允许转速和使用累积限时，使用转头时要查阅说明书，不得过速使用。

6. 离心时不准开盖，不准用手按停转头。

(黄东爱　王咸寿)

第二章　光谱技术

光谱是指复色光通过光栅、棱镜等色散系统后，按照光的波长排列形成的图案。在1666年，牛顿就完成了著名的太阳光的色散实验，发现白色的太阳光通过三棱镜折射后，将形成由红、橙、黄、绿、青、蓝、紫顺次连续分布的彩色光谱，覆盖了大约380～770nm的可见光区。光谱技术的基本原理是复色光中不同波长的光在不同的介质中有着不同的折射率，因此当其通过三棱镜之后，不同波长的光会因折射率的不同而发生色散现象，投映出连续的或不连续的彩色光带。

光谱按波长区域不同，可以分为可见光谱、存在于可见光谱的红端之外波长更长的红外光谱、存在于可见光谱紫端之外波长更短的紫外光谱，其中红外光谱与紫外光谱都不能为肉眼所察觉，但可通过仪器加以记录。光谱按产生方式不同，可分为能自行发光物质产生的发射光谱、连续光谱中某些波长的光被物质吸收后产生的吸收光谱和光照射到物质上后发生非弹性散射产生新波长的光拉曼光谱或拉曼散射光谱。此外，按产生本质不同，光谱可分为分子光谱与原子光谱。

第一节　光谱分析的基础知识

一、光的基本性质

光是指人类眼睛可以看见的一种电磁波，但从科学的角度看，光是指所有的电磁波。光是由一种称为光子的基本粒子组成的。像其他量子一样，光子具有波粒二象性，即同时具有粒子性与波动性。光是按波动的形式进行传播，并可用波长、频率、速度等参数来描述。波长(λ，单位为nm)为相邻的两个波峰或波谷之间的距离。频率为单位时间内通过某一点的波的数量(ν，单位为Hz)。光速(c，单位为cm/s)与波长、频率之间的关系可以用下列公式来表示：

$$\lambda=\frac{c}{\nu}$$

由于光在真空中的传播速度(c_0)为2.998×10^{10} cm/s，因此波长λ与频率ν成反比。

此外，光也具有微粒性，可以把光看作是带有能量的微粒流，这种微粒就被称为光子或光量子。按照量子理论，电子被光子击出金属后，每一个光子都带有一部分能量E，这份能量对应于光的频率ν。每一个光量子的能量与光的频率ν成正比，即：

$$E=h\nu=\frac{hc}{\lambda}$$

式中：h 为普朗克常数（6.626×10^{-34} J · s）。

光束的颜色取决于光子的频率，而光强则取决于光子的数量。

人眼所能感觉到的为 380nm 的紫色光到 760nm 的红色光，该波长段以外的光是看不见的，故 380～760nm 的光称为可见光。正常视力的人眼对波长约为 555nm 的电磁波最为敏感，这种电磁波处于光学频谱的绿光区域。短于 380nm 的光称为紫外光（紫外线），长于 760nm 的光称为红外光（红外线）。由于波长与频率成反比，而紫外光的波长小于可见光和红外光，因此紫外光的频率高于可见光和红外光。

二、单色光、复合光、光的色散与光谱

单色光（monochrome）是指一种单一波长的光。严格地说，没有任何光源能够制造出单一波长的单色光。虽然有些先进的激光器能够制造出线宽极窄的激光光，但这些激光光的波长，也有一定的线宽（称为光谱线宽）。实际上，经过滤光器过滤的光波、经过衍射光栅分离的光波、激光的光波习惯上都被称为单色光。复合光是由不同颜色的单色光按一定光强比例混合而成的，如太阳光、白炽灯发出的光就是复合光。复合光通过三棱镜后可以分解为红、橙、黄、绿、青、蓝、紫七种颜色的光，这种现象被称为光的色散。这主要是由于不同波长的光在相同介质中的折射率 n 不同，导致复合光通过介质折射时不同颜色的光线分开。一般波长越小，折射率越大，比如蓝色光折射率比红色光大。色散后的单色光按一定顺序排成一幅光的色谱称为光谱。

光谱按产生方式不同可以分为发射光谱、吸收光谱和散射光谱。有的物体能自行发光，由它直接产生的光形成的光谱叫作发射光谱。发射光谱可分为三种不同类型的光谱：线状光谱、带状光谱和连续光谱。线状光谱主要是由原子产生，由一些不连续的亮线组成；带状光谱主要由分子产生，由一些密集的某个波长范围内的光组成；连续光谱则主要产生于白炽的固体、液体或高压气体受激发发射电磁辐射，由连续分布的波长的光组成。在白光通过气体或有色玻璃时，气体或有色玻璃将吸收与其特征谱线波长相同的光，使白光形成的连续光谱中出现暗线，这种在连续光谱中某些波长的光被物质吸收后产生的光谱被称作吸收光谱。当光照射到物质上时，会发生非弹性散射，在散射光中除了有与激发光波长相同的弹性成分外，还有比激发光波长长的和短的成分，这种产生新波长的光的散射称为拉曼散射，所产生的光谱称为拉曼光谱或拉曼散射光谱。

三、物质的颜色与光的关系

物质的颜色主要是由于其对光的选择性吸收而产生的。对固体物质而言，当被白光照射时，由于其对不同波长的光吸收、透射、反射、折射的程度不同而使物质呈现不同的颜色。如果所有可见波长的光都被吸收，那么该物质为黑色；如果没有吸收任何波长的光，所有光都反射，那么该物质为白色；如果对各种波长的光吸收程度差不多，则呈现灰色。但如果该物质选择性吸收特定波长的光，则该物质的颜色就由它所反射或透过光的颜色来决定。表 2-1列出了物质的颜色与吸收光的颜色之间的关系。

表 2-1　物质的颜色与吸收光的关系

物质的颜色	吸收光	
	颜　色	波长/nm
黄、绿	紫	400～450
黄	蓝	450～480
橙	青、蓝	480～490
红	青	490～500
紫、红	绿	500～560
紫	黄、绿	560～580
蓝	黄	580～600
青、蓝	橙	600～650
青	红	650～750

但对溶液来说，溶液的颜色主要是由溶液中的质点选择性地吸收某种波长的光所决定的。当白光通过溶液时，如果可见光谱中不同波长的光都不被吸收，则溶液为无色；如果几乎全部被吸收，则溶液呈黑色；若对各种颜色的光都能均匀地吸收一部分，则溶液呈灰色。但如果溶液吸收特定波长的光，则溶液的颜色是它所吸收光的互补光的颜色。例如硫酸铜溶液能选择性地吸收黄光而呈蓝色。由于溶液对不同波长的光的吸收程度是不相等的，若将不同波长的单色光通过某一溶液，然后测量其吸光度，这样以波长为横坐标，以吸光度为纵坐标，可以得到一条曲线，即吸收光谱曲线或吸收曲线。

第二节　吸收光谱分析技术

由于不同的物质化学组成不同，对不同波长的光线吸收能力也不相同，从而导致当光通过时所产生的吸收光谱不同。此外，同一物质对不同波长的光吸收程度也不相同，因此每种物质都有其特异的吸收光谱。

比色法和分光光度法就是利用了不同物质吸收光谱不同的特点进行定性分析和定量分析的，其主要原理是朗伯-比尔定律。比色法（colorimetry）是通过比较或测量有色物质溶液颜色深度来确定待测物质含量的方法。分光光度法（spectrophotometry）则是比色法的发展，因为比色法局限于可见光区，而且其产生的单色光谱带较宽，导致测定精度不高，而分光光度法扩展到了肉眼看不到的紫外光区和红外光区，其产生的单色光谱带较窄，从而具有较高的精度。

一、透光度与吸光度

平行光通过均匀而透明的溶液时，可分为被容器的表面散射或反射的部分 I_R、被溶液中的物质吸收的部分 I_A、透过溶液的部分 I_T。如果入射光的强度为 I_0，则

$$I_0 = I_R + I_A + I_T$$

而在吸收光谱法分析中，由于采用同样材质的比色皿，可以用适当的“空白对照”消除反射光强度 I_R，因此有

$$I_0 = I_A + I_T$$

透射光强度 I_T 与入射光强度 I_0 之比称为透光度或透光率，用 T 表示，则

$$T = I_T / I_0$$

透光度 T 的负对数称为吸光度，用 A 表示，有的时候也称为消光度或光密度。则吸光度 A 与透光度 T 之间的关系为

$$A = -\lg T = -\lg(I_T / I_0) = \lg(I_0 / I_T)$$

应用吸收光谱法进行分析时，由于吸光度 A 可以使用分光光度计来测量，因此常用吸光度 A 表示物质对光的吸收程度。溶液对光的吸收越多，透光度 T 值越小，吸光度 A 值越大。

二、吸收光谱分析法的基本定律

（一）朗伯-比尔（Lambert-Beer）定律

朗伯-比尔定律是讨论吸收光与溶液浓度和溶质层厚度之间关系的基本定律，也是光吸收的基本定律，适用于所有的电磁辐射和所有的吸光物质，包括气体、固体、液体、分子、原子和离子。朗伯-比尔定律是吸光光度法、比色分析法和光电比色法的定量分析基础。

朗伯-比尔定律的主要内容是当一束固定波长的平行单色光通过均匀透明的溶液时，溶液的吸光度(A)只与溶液的浓度和液层厚度(L)有关。该溶液对光的吸光度(A)与溶液中物质的浓度(C)成正比，也与光通过的液层厚度(L)成正比，表述为以下公式：

$$A = kCL$$

式中：k 称为吸光系数，与溶液的性质、温度及入射光的波长等有关，但与光的强度、溶液液层的厚度和溶液的浓度无关。当溶液中含有多种吸光物质时，只要不同物质间不存在相互作用，则在同一波长下的总吸光度是各物质在该波长下吸光度的总和，该规律称为吸光度的加合性。

（二）朗伯-比尔定律的使用前提

朗伯-比尔定律并不是在所有条件下都成立，必须在下列条件下才可以使用：

1. 入射光为平行单色光且垂直照射；
2. 吸光物质为均匀非散射体系；
3. 吸光质点之间无相互作用；
4. 辐射与物质之间的作用仅限于光吸收过程，无荧光和光化学现象发生。

（三）朗伯-比尔定律的偏离因素

根据朗伯-比尔定律，当溶液厚度 L 不变时，A 与 C 之间应该成正比，但实际测量时标准曲线常常会出现偏离朗伯-比尔定律的现象。造成偏离的原因是多方面的，但其主要原因是测定条件不完全符合使朗伯-比尔定律成立的上述 4 个前提条件。此外，还有溶液浓度过高、化学反应（如水解、解离）等化学因素引起的偏离。

三、吸收光谱分析的特点

（一）可见分光光度法的特点

可见分光光度法所用的仪器称为分光光度计，它是利用分光能力很强的棱镜或光栅作为单色器，可连续获得不同波长的单色光，其波长谱宽比用滤光片获得的更窄。可见分光光度法的特点如下：

1. 灵敏度高

最低的检测浓度可达 10^{-7}g/ml，但通常浓度在 10^{-5}～10^{-2}mol/L 范围内精确度较高。

2. 操作简便、快速，选择性好

选用只与待测物质进行显色反应的高灵敏度显色剂，无需样品的分离纯化，显色后就可以直接测定，耗时少，成本低。

3. 应用广泛

生物体内的很多无机离子、有机化合物和酶的活力都可以直接或间接地用分光光度法来测定。

（二）紫外分光光度法的特点

紫外分光光度法除具备灵敏度高、操作简便及应用广泛等特点外，更重要的是无需显色，无论是无色或有色溶液，只要该物质在紫外光区有特异性吸收峰即可进行定性或定量分析。但是紫外分光光度法的吸收池要用石英玻璃作入射或出射的光学面。紫外分光光度法除可采用标准品比较检测外，还可采用被测物质的摩尔吸光系数计算其含量，而无需标准管，比如核酸分子在 260nm 处进行直接定量分析。

四、分光光度法定性分析和定量分析

（一）定性分析

由于不同物质化学组成不同，而每一种化学元素都会在特定波长上产生吸收线，从而导致不同物质具有其特异的吸收光谱曲线。应用分光光度技术进行定性分析主要是根据在特定区段波长范围内，不同物质的最大吸收波长（λ_{max}）不同和不同物质的摩尔吸光系数（ε）不同。λ_{max}是指一定范围波长内，吸光度最大时对应的波长，直观的理解就是应用扫描型分光光度计测定一定范围的吸收光谱曲线中最大吸收峰对应的波长。但需要注意的是，有时待测物质有多个吸收峰，也就是在不同波长范围内有不同的吸收峰。例如，氧合血红蛋白在 400～600nm 就有 3 个吸收峰，分别在 415nm、541nm 和 576nm 处。但当人体煤气中毒后，氧合血红蛋白转化为碳氧血红蛋白时，其吸收峰发生改变，分别为 415nm、540nm 和 569nm。而由于摩尔吸光系数在一定条件下为常数，主要与物质的性质有关，因而可以通过测定摩尔吸光系数进行定性分析。测定摩尔吸光系数时，通常需要测定多个（一般最少 3 个）不同浓度的待测物质溶液的吸光度，然后根据朗伯-比尔定律求出摩尔吸光系数 $\varepsilon = A/(LC)$，再求出 3 个 ε 的平均值，最后与不同的标准样品比较即可确定是哪种物质。

（二）定量分析

分光光度法最主要的应用是定量分析，用于测定溶液中的物质浓度。根据朗伯-比尔定律，溶液中溶质的吸光度与浓度成正比。因此，在特定波长下测出溶液的吸光度即可计算出溶液的浓度，实际操作中经常使用标准曲线法和标准对比法。

1. 标准曲线法(standard curve)

标准曲线法也称外标法或直接比较法，是一种简便、快速的定量方法。具体方法是：将标准样品配制成不同浓度的标准溶液，然后选择与测定待测物质相同的条件逐一测定吸光度，这样就得到不同浓度所对应的吸光度，然后以吸光度为纵坐标，其所对应的标准溶液的浓度为横坐标，绘制浓度-吸光度关系曲线，即为标准曲线。然后测定待测物质的吸光度，就可以在标准曲线上查找到该吸光度所对应的待测物质浓度。标准曲线的绘制方法目前主要是利用 Excel 进行作图，此法相对比较精确，而且可以得到直线回归方程式，并进行了可靠性分析。

标准曲线法的优点是绘制好标准曲线后，测定待测物质浓度就非常方便，只要直接从标准曲线上读出待测物质吸光度所对应的浓度就可以了，故适合于大量样品的分析。要绘制好一条良好的标准曲线，首先就是标准样品的选择，一般选择与待测物质一样的分析纯的样品即可。比如要测定溶液中的丙酮酸的含量，直接选用分析纯的丙酮酸，然后配制成不同浓度的溶液就可。另外需要注意的是，最后待测溶液的吸光度要介于标准样品所测的最小吸光度和最大吸光度之间，而且在此区间必须有良好的线性关系，否则应将待测样品进一步稀释或将标准样品进一步稀释。但标准曲线绘制时影响因素很多，使用其进行定量分析时，应注意以下几方面：

(1)在选定标准样品浓度范围内，应考虑浓度与吸光度是否成正比，绘制的曲线是否为直线，如果不是直线，应考虑到可能是标准浓度范围过大，应重新调整标准样品浓度后再绘制新的标准曲线。

(2)每台仪器都应有独立的标准曲线。由于标准曲线的影响因素很多(包括建立曲线时实验室当时的条件，如温度、湿度、气压及电压稳定性等)，因此使用不同的仪器同时测量待测物质浓度时，应使用不同的标准曲线。此外，不同操作者引起的实验误差也不相同，应尽量避免多人共同使用相同的标准曲线。

(3)标准曲线制作完成后，待测物质的测定条件(包括反应体系等)应该与曲线制作的测定条件完全一致。

2. 直接对比测定法

此法又称标准对比法，由于测定时需要标准管、测定管和空白管，有时又称为三管法。当标准曲线是一条通过坐标原点的直线时，可以将待测样品和标准样品溶液在相同条件下分别测定各自的吸光度。因为是同一物质在相同条件下测定，根据朗伯-比尔定律，待测样品浓度可用下式计算：

$$C_x = \frac{A_x}{A_s} \cdot C_s$$

由于测到测定管和标准管的吸光度就能计算测定管溶液的浓度，因此测定时为了减少误差，选用的标准样品溶液的浓度应尽可能接近于测定管溶液的预测浓度。

3. 差示分光光度法(differential spectrophotometry)

由于分光光度计测量吸光度时吸光度在 0.2～0.8 范围内误差最小，因此当溶液浓度过高或过低时测得吸光度偏大或偏小，往往会使结果的相对误差增加。但使用差示分光光度法可减少误差，提高测量的准确性。差示分光光度法是用一个已知浓度的样品替代空白对照，作为参比溶液调零，然后测定待测溶液的吸光度，从而得到待测溶液的浓度。差示分光光度法又可分为高吸光度差示法、低吸光度差示法、精密差示分光光度法等。

五、分光光度计的基本结构和原理

利用分光光度法测量吸光度所用的仪器则称为分光光度计。分光光度计具有灵敏度高、测定速度快等特点，被广泛应用于化工、药物研发、生物化学、临床检验等领域中。分光光度法常用的波长范围为 200～400nm 的紫外光区、400～760nm 的可见光区以及 2.5～25μm 的红外光区，所用仪器为紫外分光光度计、可见分光光度计、红外分光光度计或原子吸收分光光度计。其中的紫外-可见分光光度计更是生物化学研究工作中必不可少的仪器。

虽然分光光度计的种类和生产厂家很多，但基本结构类似，一般都包括光源、单色器、吸收池、检测器和指示器五大部件，如图 2-1 所示。

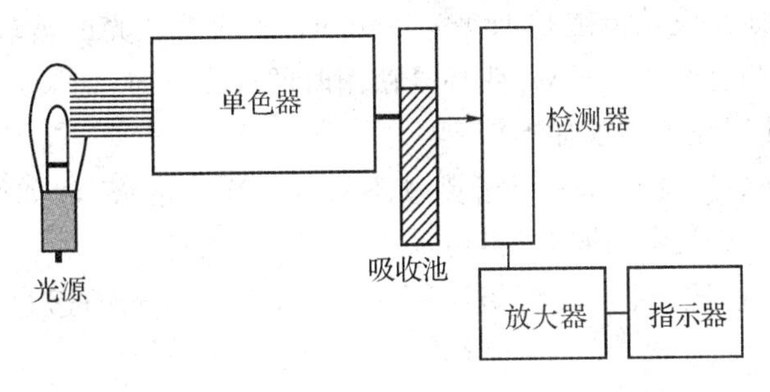

图 2-1　分光光度计结构示意图

（一）光源

光源是一种可以发射出供溶液或吸收物质选择性吸收的光。理想的光源应能提供连续的辐射，光强度足够大，在整个光谱区内光谱强度不随波长有明显变化，光谱范围宽，使用寿命长，价格低。目前分光光度计主要有两种类型的光源：白炽光和氢弧灯或氘灯。目前使用的白炽光源主要为钨丝灯或碘钨灯，能发射出 350～2500nm 的连续光谱，为可见分光光度计的光源。氢灯或氘灯能发射 150～400nm 的连续光谱，是紫外分光光度计的光源。但是由于氘灯寿命有限，国产氘灯寿命仅 500h 左右，因此要注意节约灯时。

（二）单色器

单色器是分光光度计的核心元件，其作用主要是将光源发出的混合光色散为单色光，而且能随意改变波长。其主要组成部分为入射狭缝、准直镜（使入射光束变为平行光束）、色散元件（使不同波长的入射光色散开来）、聚焦透镜或聚焦凹面反射镜（使不同波长的光聚焦在焦面的不同位置）、出射狭缝，如图 2-2 所示。最常用的色散元件为棱镜和光栅，其中棱镜又有玻璃棱镜和石英棱镜。棱镜能将混合光分为单色光的主要原理是当混合光进入棱镜时，由于波长不同的光在棱镜内传播速度不同导致其折射率不同，长波长的光传播速度快、折射率小，反之折射率大。但玻璃棱镜由于能吸收紫外线，因此只能用于可见分光光度计。石英棱镜可用于紫外光区、可见光区和近红外光区。光栅是分光光度计常用的一种色散元件，其优点是所用波长范围较宽，像石英棱镜一样可用于紫外光区、可见光区和近红外光区。

（三）吸收池

吸收池有光学玻璃杯和石英玻璃杯两种。普通光学玻璃杯吸收紫外光，因此只能用于

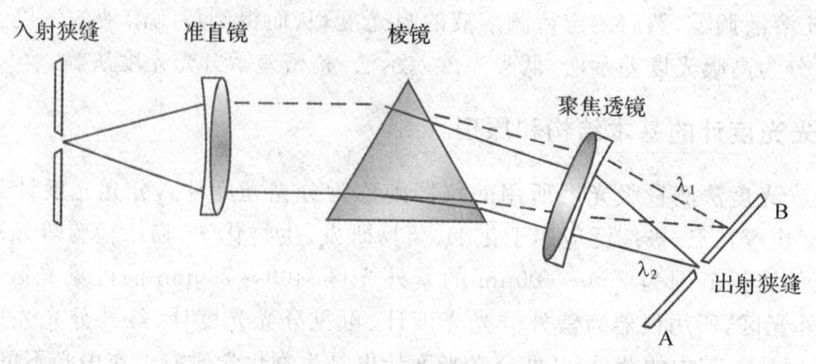

图 2-2　单色器结构示意图

可见光，适用波长范围是 400～2000nm。而石英玻璃杯可透过紫外光、可见光和红外光，是最常使用的吸收池，使用波长范围是 180～3000nm。吸收池透光的玻璃面要严格垂直于光路，有的石英杯上方刻有箭头"→"，标明杯子使用时的透光方向，如果方向使用错误，会影响测定结果。吸收池使用注意事项如下：

1. 比色皿使用完后应洗干净。对于盛过不易洗干净的溶液（比如蛋白质溶液）的比色皿，可以将其放在洗液中浸泡，使用时再用水冲洗干净。

2. 禁止用手指触摸透光面，因为指纹不易洗净，会影响光的透过从而影响结果的准确性。

3. 严禁加热烘烤，也不可用超声波清洗器清洗比色皿。

（四）检测器

检测器的作用是检测光透过溶液后的强度，然后将光信号转变成电信号。常用的检测器有光电管、光电倍增管和光电二极管三种。

（五）指示器

常用仪器指示器有光点检流计、微安表、记录器和数字显示器等。光点检流计和微安表指示器的标尺上刻有百分透光度和吸光度。

六、722 型分光光度计的使用方法

1. 将灵敏度旋钮调至"1"挡（此时信号放大倍率最小，误差也较小）。

2. 开启电源，选择开关置于"T"，波长调至待测波长，预热 20min。

3. 打开样品室（此时光门自动关闭），调节透光率零点旋钮，使数字显示为"000.0"。然后盖上样品室盖，使待调零比色皿处于校正位置，调节透光率 100%旋钮，使数字显示为"100.0"。但如果此时显示不到 100.0，可以调节灵敏度旋钮适当增加微电流放大的倍数，但此时应重新调零。

4. 预热完毕后应连续几次调透光率的"0"和"100%"的位置，待仪器稳定后才可进行测定工作。

5. 将选择开关置于"A"。调节吸光度调零旋钮，使得数字显示为"0"，然后拉动手柄，使待测样品移入光路，显示值即为待测样品的吸光度值。

6. 所有样品测完后应切断电源，然后将比色皿取出洗净，并将比色皿架用软纸擦净。

七、722 型分光光度计使用的注意事项

1. 测量完毕后应迅速将暗盒盖打开，关闭电源开关，将灵敏度旋钮调至最低挡，取出比色皿，将装有硅胶的干燥剂袋放入暗盒内，关上盖子，将比色皿中的溶液倒入烧杯中，用蒸馏水洗净后放回比色皿盒内。

2. 每台仪器所配套的比色皿不可与其他仪器上的表面皿单个调换。

3. 为了防止光电管疲劳，不要连续光照，预热仪器时和不测定时应将试样室盖打开，使光路切断。

4. 在能使空白溶液很好地调到“100%”的情况下，尽可能采用灵敏度较低的挡。使用时，首先调到“1”挡，灵敏度不够时再逐渐升高。但换挡改变灵敏度后，须重新校正“0%”和“100%”。选好的灵敏度，实验过程中不要再变动。

第三节　其他光谱分析技术

一、荧光分析

荧光分析是利用某些物质受紫外光照射后发出特有的波长较长的荧光进行定性或定量分析的方法。用于荧光分析的仪器称为荧光分光光度计。

大多数物质分子吸收了与它所具有的特征频率相一致的光子时，由原来的能级跃迁至第一电子激发态或第二电子激发态中不同振动能级，然后大多数分子迅速降落至第一电子激发态的最低振动能级，但在此期间由于该物质分子和周围的同类分子或其他分子撞击而消耗了能量，因而不发光，最后，分子在第一电子激发态的最低振动能级停留约 10^{-9}s 后直接下降至电子基态的各个不同振动能级，此时多余的能量以荧光的形式释放。产生荧光的条件通常为该物质具有能吸收激发光的结构（通常是共轭双键结构）和一定程度的荧光效率。荧光效率是指物质吸光后所发射的荧光的量子数与吸收的激发光的量子数的比值。

荧光定量分析是指将荧光物质标准品配成不同浓度的标准溶液，然后用荧光分光光度计测量其在特定波长处的荧光强度后，以浓度为横坐标，荧光强度为纵坐标绘制标准曲线，再在相同的条件下测量待测样品的荧光强度后即可从标准曲线查出待测物质的含量。

荧光分析法具有灵敏度高（其检测范围达 10^{-6}～10^{-4}g/L，甚至可达 10^{-9}～10^{-7}g/L）、特异性强、操作简便和样品用量少等优点，因而被广泛应用于无机物和有机物的定量分析。虽然有些无机物经紫外光照射后不能直接发射荧光，但其与有机试剂所组成的络合物在紫外光照射下会产生荧光，因此也可以利用该法分析，目前借助于有机试剂进行荧光分析的元素已达 60 余种。有机化合物因为具有共轭双键而易于吸光，其中那些庞大而结构复杂的化合物在紫外光照射下均能产生荧光。此外，荧光分析法也被广泛应用于医学检验和医学研究中，如某些激素及其代谢产物、单胺类神经递质和生物活性物质的测定。

二、火焰光度分析

火焰光度分析以火焰作为激发光源使待测元素原子激发，然后用光电检测系统来测量

被激发元素所发射的特征辐射强度，从而进行元素定量分析。火焰光度分析属于原子发射光谱法的范畴。火焰光度法进行定量分析的基本原理是，在低浓度下，特征谱线的强度与待测物质的浓度成正比。火焰光度分析的优点主要是操作简单、快速，灵敏度高，取样少，误差小；缺点主要是火焰的温度和稳定性受多种因素影响（如燃气的组分、纯度与压力等），测试前需严格调试。

火焰光度计与紫外-可见分光光度计的主要区别是火焰光度计是根据原子发射原理，把待测物质原子化（如将固体配成溶液等），使激发的电子处于高能级，导致其不稳定然后跃迁回基态，此时不同的原子电子能级不同，跃迁时会发出不同波长的光，然后通过分析光波确定原子类型。而紫外-可见分光光度计是根据光吸收原理，不同物质在不同波长的光吸收程度不同。火焰光度分析广泛用于医疗卫生的临床化验及病理研究，如对精神病患者服用锂盐的检测；还适用于农业、工业、食品行业对钾、钠、锂、钙的测定，如肥料中的钾的测定，矿石、岩石、硅酸盐中的钠和钾的测量及油脂中锂的测定等。

（李崇奇　肖　曼）

实验一　血红蛋白及其衍生物的吸收光谱分析

一、实验目的

掌握血红蛋白吸收光谱的测定原理与方法。

二、实验原理

人体内的血红蛋白由四个亚基构成，分别为两个 α 亚基和两个 β 亚基，每个亚基由一条肽链和一个血红素分子构成，其主要功能是在人体内运输氧。血红蛋白与一些物质相结合，生成相应的血红蛋白衍生物。血红蛋白（Hb）与 O_2 结合生成氧合血红蛋白（HbO_2）；如果向血中加入硫代硫酸钠（$Na_2S_2O_4$），可使 HbO_2 还原成 Hb；血红蛋白与 CO 结合生成一氧化碳血红蛋白（HbCO），经 $K_3[Fe(CN)_6]$作用生成高铁血红蛋白（MetHb），如向 MetHb 溶液中再加入氰化钠（或氰化钾）时，则生成氰化高铁血红蛋白。因血红蛋白衍生物分子结构不同，当平行的光分别透过各种 Hb 溶液时所吸收的光波也不同，可显出特有的吸收光谱。这些吸收光谱可作为它们定性和定量分析的基础，如 HbO_2 在可见光波长 500～650nm 范围内有两个特征的吸收峰，其峰值分别在 541nm 和 576nm 处，当氧合血红蛋白转为一氧化碳血红蛋白，光谱发生改变，在波长 540nm 和 569nm 处出现两个特征的吸收峰，脱氧血红蛋白在波长 555nm 处有一个吸收峰。而高铁血红蛋白则有 4 个吸收峰，分别为 500nm、540nm、578nm 和 630nm；氰化高铁血红蛋白（MetHbCN），在波长 540nm 处有一个吸收峰（图 2-3～2-6）。

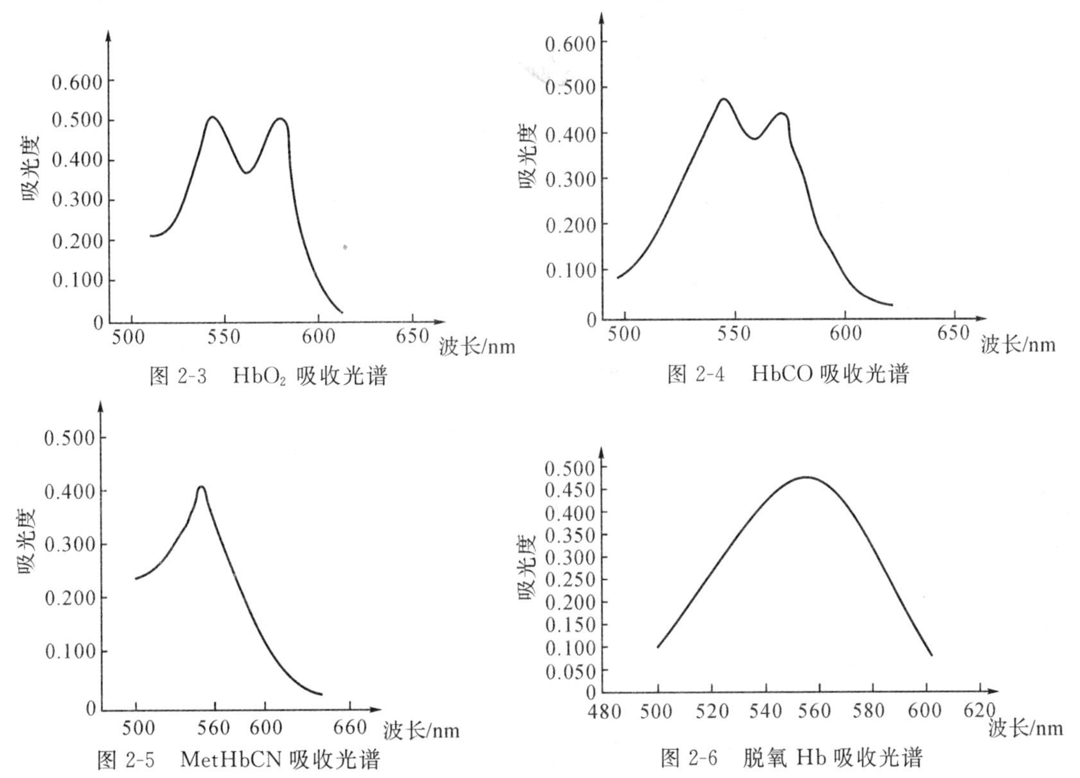

图 2-3　HbO_2 吸收光谱

图 2-4　HbCO 吸收光谱

图 2-5　MetHbCN 吸收光谱

图 2-6　脱氧 Hb 吸收光谱

本实验先制备 Hb 及其衍生物，然后在不同波长下测其吸光度，从而绘制其吸收光谱曲线，由此可以确定它们最大的吸收波长。对定量分析而言，在最大吸收峰对应的波长下进行检测，灵敏度较高。

三、仪器和试剂

1. 仪器

试管、试管架、多刻度移液管、胶头滴管、量筒、722 型分光光度计、CO 发生器。

2. 试剂

(1)还原试剂：取 1 份硫酸亚铁与 2 份酒石酸溶解于 15 份蒸馏水中，然后使用前加氨水混匀至呈弱碱性，溶液应为透明绿色。

(2)氰化高铁血红蛋白稀释试剂：取 $K_3[Fe(CN)_6]$ 200mg、KCN 50mg、KH_2PO_4 140mg、Triton X-100 1.0ml，用蒸馏水定容至 1L。该试剂应呈透明、淡黄色，pH 在 7.0～7.4，以蒸馏水作空白时，在波长为 540nm 时吸光度应为 0。

(3)标准氰化高铁血红蛋白溶液：

①向试管中加入 5.0ml 氰化高铁血红蛋白稀释试剂。

②加入 20μl 全血，混匀，静置 3min。

③使用光径为 1cm 的比色皿，以蒸馏水或氰化高铁血红蛋白稀释试剂作为空白管，在 540nm 处测定其吸光度。

④按下式计算血红蛋白浓度：

血红蛋白浓度(g/L)＝测定管吸光度×(64458/44000)×251。

式中：64458 为血红蛋白相对分子质量；44000 为血红蛋白摩尔吸光度；251 是稀释倍数。

⑤将测定血红蛋白稀释为 5mg/ml。

(4)浓 H_2SO_4、HCOOH、1% NaCN 溶液、10% $K_3[Fe(CN)_6]$溶液、10%草酸钾溶液。

(5)Drabkin 溶液：取 1g $NaHCO_3$、0.05g NaCN、0.7g $K_3[Fe(CN)_6]$，然后以少量蒸馏水溶解，再转移至 1L 容量瓶中，定容至 1L。贮存于棕色瓶中可保存一个月，若溶液中出现浑浊则不宜使用。

四、实验步骤

1. 样品的制备

用草酸钾抗凝，取耳垂血 0.2ml(4 滴)，轻轻摇动即制得全血。

(1)氧合血红蛋白(HbO_2)液：取全血 0.1ml(2 滴)于小烧杯中，加入 20ml 蒸馏水后混匀即为 HbO_2 液，呈鲜红色。

(2)脱氧(还原)血红蛋白液：取上述氧合血红蛋白约 5ml 于小试管中，加还原试剂 2 滴，混匀即成暗红色的脱氧 Hb 液。

(3)氰化高铁血红蛋白(MetHbCN)液：取上述氧合血红蛋白液约 5ml 于小试管中，加入 1 滴新鲜配制的 10%的 $K_3[Fe(CN)_6]$，然后加 1 滴 1% NaCN 液混匀，此即为 MetHbCN 液。

(4)取上述氧合血红蛋白液约 5ml 于试管中，通 CO 气体(浓硫酸与甲酸在 CO 发生器中反应发生)约 5min，氧合血红蛋白即变成樱桃色的一氧化碳血红蛋白。

2. 吸光度的测定、吸收光谱曲线的绘制及未知浓度样品的测定

取 7 支中号试管按下表操作：

表 2-2 吸收光谱测定试剂加样表

单位：ml

加入物 \ 管号	空白管	标准管 1	标准管 2	标准管 3	标准管 4	标准管 5	测定管
标准氰化高铁血红蛋白	—	0.2	0.4	0.6	0.8	1.0	
全血	—	—	—	—	—	—	0.02
蒸馏水	1.0	0.8	0.6	0.4	0.2		0.98
Drabkin 溶液	4.0	4.0	4.0	4.0	4.0	4.0	4.0

将上述各试管混匀后静置 10min，然后分别盛于比色皿内，在 722 型分光光度计上于最大吸收峰 540nm 处，以空白管调节吸光度 0，测定每管吸光度，以标准管每管浓度为横坐标，测得的吸光度为纵坐标描点，然后在 Excel 或坐标纸上作图，绘制标准曲线(应为直线)。在标准曲线上查找到测定管的吸光度，找到该点在横坐标上对应的氰化高铁血红蛋白的浓度即为测定管浓度。

五、注意事项

1. Drabkin 溶液含 NaCN，是剧毒物，切忌吸入口中。

2. 由于使用仪器不同，绘制出的血红蛋白及其衍生物的吸收光谱可能会有一些差异，对 722 型分光光度计来说，峰值误差在±(3～5)nm 是允许的。

六、临床意义

高铁血红蛋白血症(methemoglobinemia)是由于血中高铁血红蛋白(MetHb)含量过高引起的，其血红蛋白吸收峰在波长 618～631nm 处，加入氰化钾后，631nm 处的吸收峰迅速消失。

血红蛋白及其衍生物吸收光谱的测定常应用于职业性急性一氧化碳中毒诊断，血液中含有还原血红蛋白(Hb)、含氧血红蛋白(HbO_2)、一氧化碳血红蛋白(HbCO)和微量高铁血红蛋白(MetHb)。利用还原剂硫代硫酸钠将 HbO_2、MetHb 还原成 Hb，则血中只含 HbCO 和 Hb 两种成分。HbCO 在 420nm 处有一最大吸收峰，Hb 在 432nm 处有一最大吸收峰，测出受检血样在此二波长的吸光度值，代入含有预先测得的 HbCO 与 Hb 吸光系数的公式中，即可求得 HbCO 的饱和度，从而判定患者 CO 中毒的程度。

(李崇奇　高新征)

实验二　蔬菜中维生素C含量的测定

一、实验目的

掌握测定维生素C含量的原理和方法。

二、实验原理

维生素C是广泛存在于新鲜水果和蔬菜中的水溶性维生素。其具有强还原性，所以在人体内具有重要的生理功能，参与许多重要的代谢过程，还可以治疗坏血病，预防牙龈出血、动脉硬化，近年来也发现其能增强机体对肿瘤的抵抗力。

维生素C由于具有很强的还原性，将在酸性溶液中显粉红色的染料2,6-二氯酚靛酚还原成无色，同时维生素C本身被氧化成无色的脱氢抗坏血酸。因此，当溶液中含有未滴定完的维生素C时，当染料加入溶液后染料被还原成无色；但当溶液中的维生素滴定完全后，当染料加入溶液后显示粉红色，此时为滴定终点。因此，通过测量消耗的2,6-二氯酚靛酚标准液体积，即可以计算出溶液中维生素C的含量。

三、仪器和试剂

1. 仪器

锥形瓶、移液管、容量瓶、微量滴定管、天平、研钵等。

2. 试剂

(1)维生素C标准溶液：称量纯维生素50mg，溶于200ml的1%的草酸溶液中，然后定容至500ml，贮存于棕色瓶，冷藏。

(2)2%草酸溶液：称取2g草酸，溶于100ml蒸馏水。

(3)1%草酸溶液：称取草酸1g溶于100ml蒸馏水。

(4)0.01% 2,6-二氯酚靛酚溶液：将104g的$NaHCO_3$溶解于300ml蒸馏水中，加热，加入50mg 2,6-二氯酚靛后混匀至完全溶解，待冷却后加水定容至500ml，然后过滤去除沉淀，最后储存于棕色瓶内(4℃约可保存1周)。

四、实验步骤

1. 维生素的提取

将新鲜的蔬菜洗净，吸干表面水分，然后切成小块，称取5g，加入2%的草酸溶液5ml，在研钵中充分研磨后将其倒入容积为100ml的容量瓶内，再用2%草酸溶液将研钵洗涤数次，然后定容至100ml后过滤，若滤液有色，可按1g样品加0.4g白陶土脱色后再过滤。

2. 滴定

(1)滴定2,6-二氯酚靛酚溶液的浓度：量取1ml维生素C标准溶液后，加入9ml 1%草酸溶液，同时量取10ml 1%草酸溶液作空白对照，然后用2,6-二氯酚靛酚溶液滴定至粉红色出现，且15s不退色。记录消耗的2,6-二氯酚靛酚溶液体积，并计算1ml 2,6-二氯酚靛酚溶液能够氧化的维生素 C 质量。

(2)样品的测定：在 50ml 的锥形瓶中加入 10ml 制备好的维生素滤液，用已标定的 2,6-二氯酚靛酚溶液滴定至终点，整个滴定过程不宜超过 2min。同时做空白对照，方法同前，记录消耗的 2,6-二氯酚靛酚溶液体积。

3. 结果计算

维生素 C 的含量按下列公式计算：

$$维生素\text{C}的含量(\text{mg}/100\text{g})=\frac{(V-V_0)\times T\times A\times 100}{W}$$

式中：V 为滴定样液时消耗 2,6-二氯酚靛酚溶液的体积；V_0 为滴定空白时消耗 2,6-二氯酚靛酚溶液的体积，ml；T 为 1ml 2,6-二氯酚靛酚染料能氧化的维生素 C 的量，mg；A 为稀释倍数；W 为样品重量，g。

五、注意事项

1. 由于样品内含有一些能使 2,6-二氯酚靛酚还原的其他物质，因此滴定应尽量快速。
2. 滴定所用二氯酚靛酚应在 1～4ml 为宜，否则应将提取液适当稀释后进行滴定。
3. 维生素 C 极易被氧化，故提取时，应加入 2%草酸溶液抑制组织中的氧化酶活性。
4. 样品提取过程应避免阳光直射，否则会加速维生素 C 的氧化。

六、临床意义

维生素 C 缺乏症的诊断主要根据病史、典型的临床表现及 X 线摄片长骨的改变，但必要时常做血浆维生素 C、白细胞-血小板层或尿中维生素 C 值的测定。血浆中维生素 C 含量为 22.80～45.60μmol/L，24h 尿中维生素 C 含量为 20～40mg，每百克白细胞中维生素 C 含量为 1.425～1.710mmol，维生素 C 缺乏症的诊断常需要参照三者的数值才能确定：

1. 血浆维生素 C 含量仅反映膳食中维生素 C 的摄入情况，不能反映体内维生素 C 的储存量，而且女性血浆中的维生素 C 含量一般比男性高 20%。

2. 白细胞-血小板层维生素 C 含量反映了组织内维生素 C 的储存情况，受近期膳食中维生素 C 浓度的影响较小。

3. 尿中维生素 C 含量受到血中维生素 C 浓度的影响较大，当体内维生素 C 的储存量达到饱和后会从尿液中排出。当血浆维生素 C 浓度较低时，肾小管可以从原尿中回吸收一部分。

维生素 C 缺乏症的主要临床表现为出血、骨骼改变(如骨膜下出血、骨折、干骺脱位)齿龈炎及伤口愈合不良等。

七、思考题

1. 维生素 C 含量测定过程中应注意哪些操作步骤？为什么？
2. 维生素 C 在人体中有哪些生理功能？

(李崇奇　高新征)

实验三 葡萄糖氧化酶法测定血糖含量

一、实验目的

掌握葡萄糖氧化酶(GOD)法测定血糖含量的原理与方法。

二、实验原理

血糖测定一般可以测血浆、血清和全血中的葡萄糖含量。葡萄糖氧化酶(glucose oxidase,GOD)利用氧和水将葡萄糖氧化为葡萄糖酸,并释放过氧化氢。过氧化物酶(peroxidase,POD)在色原性氧受体存在时将过氧化氢分解为水和氧,并使色原性氧受体4-氨基安替比林和酚脱氢缩合为红色醌类化合物。红色醌类化合物的生成量与葡萄糖含量成正比。

三、仪器和试剂

1. 仪器

试管、试管架、多刻度移液管、722型分光光度计、水浴箱。

2. 试剂

(1)0.1mol/L磷酸盐缓冲液(pH 7.0)、1mol/L氢氧化钠溶液、1mol/L盐酸。

(2)酚溶液:称取重蒸馏酚100mg溶于100ml蒸馏水中,用棕色瓶贮存。

(3)12mmol/L苯甲酸溶液:将1.4g苯甲酸溶于约800ml蒸馏水中,加温助溶,冷却后定容至1L。

(4)酶试剂:称取过氧化物酶1200U、葡萄糖氧化酶1200U、4-氨基安替比林10mg、叠氮钠100mg,溶于磷酸盐缓冲液80ml中,用1mol/L NaOH溶液调pH至7.0,用磷酸盐缓冲液定容至100ml,置4℃保存,可稳定保存3个月。

(5)酶酚混合试剂:酶试剂及酚溶液等量混合,4℃下可以存放1个月。

(6)100mmol/L葡萄糖标准贮存液:称取已干燥至恒重的无水葡萄糖1.802g,溶于约70ml 12mmol/L苯甲酸溶液中,然后用12mmol/L苯甲酸溶液定容至100ml。2h以后方可使用。

(7)5mmol/L葡萄糖标准应用液:吸取葡萄糖标准贮存液5.0ml于100ml容量瓶中,用12mmol/L苯甲酸溶液稀释至刻度后混匀。

四、实验步骤

1. 取试管3支,按表2-3操作。

2. 将各支试管内的液体混匀,置37℃下水浴15min,在波长505nm处比色,以空白管调零,读取标准管及测定管吸光度。

表 2-3　葡萄糖氧化酶法测定血糖试剂加样表

单位：ml

加入物 \ 管号	空白管	标准管	测定管
血　清	—	—	0.02
葡萄糖标准应用液	—	0.02	—
蒸馏水	0.02	—	—
酶酚混合试剂	3.0	3.0	3.0

3.计算

$$\text{血清葡萄糖浓度(mmol/L)}=\frac{\text{测定管吸光度}}{\text{标准管吸光度}}\times 5$$

五、注意事项

1.空腹血清葡萄糖浓度为 3.89～6.11mmol/L。

2.由于在室温下血糖浓度每小时可下降 5%～7%左右，因此如果血液采集后立即分离血浆或血清，则可稳定 24h。如不能立即检测而又不能立即分离血浆或血清，则必须将血液加入含氟化钠的抗凝瓶，以抑制糖酵解途经中的酶，防止血糖浓度降低。

3.葡萄糖氧化酶法可直接测定脑脊液葡萄糖含量，但不能直接测定尿液葡萄糖含量。因为尿液中尿酸等干扰物质浓度过高，可干扰过氧化物酶反应，造成结果假性偏低。

4.待测标本以草酸钾-氟化钠为抗凝剂较好。

5.本法用血量甚微，操作时应直接将血清加至试剂中，再反复在试剂中冲洗吸管，以保证结果可靠。

6.严重黄疸、溶血及乳糜样血清应先制备无蛋白血滤液，再进行测定。

六、临床意义

1.生理性高血糖

见于摄入高糖食物后，或情绪紧张令肾上腺分泌增加时。

2.病理性高血糖

(1)糖尿病：病理性高血糖常见于胰岛素绝对或相对不足的糖尿病患者。

(2)内分泌腺功能障碍：甲状腺功能亢进、肾上腺皮质功能及髓质功能亢进。引起的各种对抗胰岛素的激素分泌过多也会出现高血糖。

(3)颅内压增高：颅内压增高刺激血糖中枢，如颅外伤、颅内出血、脑膜炎等。

(4)脱水引起的高血糖：如呕吐、腹泻和高热等也可使血糖轻度增高。

3.生理性低血糖

见于饥饿和剧烈运动时。

4.病理性低血糖

(1)胰岛 β 细胞增生或胰岛 β 细胞瘤等，使胰岛素分泌过多。

(2)对抗胰岛素的激素分泌不足，如垂体前叶功能减退、肾上腺皮质功能减退等。

(3)严重肝病患者，由于肝脏储存糖原及糖异生等功能低下，肝脏不能有效地调节血糖。

（李崇奇　高新征）

第三章　电泳技术

电泳在生物实验中指带电荷的大分子(蛋白质、核苷酸等)在惰性介质中,在电场的作用下,向着与其所带电性相反的电极移动的现象。带电荷的大分子由于其质量及所带电荷量不同,泳动速度出现差异,使组分分离。通过适宜的检测方法可以记录电泳图谱。电泳技术围绕制胶、电泳、染色三个技术环节,不断改进,以实现下列目标:①提高分辨率及灵敏度;②简化操作,缩短电泳时间;③扩大应用范围。目前,电泳技术已经在生命科学、生物工程、药学、临床医学、环境保护和食品检验等领域发挥重要作用。

第一节　电泳技术的基本原理

一、电泳的基本原理

在电场中,推动带电质点运动的力(F)等于质点所带净电荷量(Q)与电场强度(E)的乘积:

$$F=QE$$

质点向前移动受到阻力(F')的影响,对于一个球形质点,其阻力服从 Stoke 定律,即

$$F'=6\pi r\eta v$$

式中:r 为质点半径;η 为介质黏度;v 为质点移动速度。

当质点在电场中做恒速运动时:

$$F=F'$$

即

$$QE=6\pi r\eta v$$

变换后可写成

$$v/E=Q/(6\pi r\eta)$$

v/E 的含意为单位电场强度下粒子的移动速度,称为迁移率(mobility),也称为泳动度,以 u 表示,即

$$u=v/E=Q/(6\pi r\eta)$$

从公式可见,球形质点的迁移率首先取决于自身状态,即其所带电荷的数量、分子大小以及其形状,与其所带电量成正比,与其半径及介质黏度成反比。另外,电泳体系中溶液的pH、离子强度、电压、电流等因素也会影响质点的电泳迁移率。

许多生物分子都带有电荷,但由于各组分的带电性质及其分子大小和形状不同,在电场和介质中的移动距离就不同,从而达到分离各组分的目的。

二、影响电泳的因素

1. 介质溶液的 pH 值

溶液的 pH 决定被分离物质的解离程度、质点的带电性质及所带净电荷量。例如蛋白质分子，既有酸性基团（—COOH），又有碱性基团（$—NH_2$）及蛋白质表面离子化侧链，存在一个 pH 使它的表面净电荷为零，此 pH 即等电点（pI）。

当溶液 pH＝pI 时，蛋白质颗粒的净电荷等于零，在电场中不移动。

当溶液 pH＜pI 时，则蛋白质颗粒带正电荷，在电场中向负极移动。

当溶液 pH＞pI 时，则蛋白质颗粒带负电荷，在电场中向正极移动。

溶液 pH 值偏离 pI 越远，蛋白质颗粒带净电荷越多，泳动速度越快，反之则越慢。因此，电泳时应选择合适的 pH，使各种蛋白质所带电荷差异较大，有利于将它们分开。为了使电泳过程中溶液的 pH 值恒定，必须采用具有一定缓冲能力的缓冲溶液作为电泳介质。

2. 溶液的离子强度

电泳溶液中的离子浓度增加会引起质点迁移率降低。带电蛋白质颗粒吸引相反电荷的离子聚集在其周围，形成一个与该蛋白质颗粒所带电荷相反的离子层，离子层不仅降低蛋白质颗粒的带电量，同时增加蛋白质颗粒前移的阻力，甚至使其不能泳动。然而离子浓度过低，会降低缓冲液的缓冲容量，不易维持溶液的 pH 值稳定，影响蛋白质颗粒的带电量，改变泳动速度。

3. 电场强度

电场强度是指单位长度上的电势差，也称电势梯度。根据欧姆定律可知，电流 I 与电压 V 成正比。在电泳过程中，溶液中的电流完全由缓冲液和样品离子来传导，因此迁移率与电流成正比。由此可知，电场强度越高，带电颗粒的泳动速度越快，反之则越慢。以纸电泳为例，滤纸长 10cm，两端电势差为 100V，则电场强度为 100V/10cm＝10V/cm。如果两端电势差不变，滤纸长度缩短为 5cm，电场强度则为 100V/5cm＝20V/cm，泳动速度将大大加快。当电压在 500V 以下，电场强度在 2～10V/cm 时为常压电泳；当电压在 500V 以上，电场强度在 20～200V/cm 时为高压电泳。电场强度越大，或支持物越短，电流将随之增加，产热也增加，可引起支持介质或蛋白质等样品发生热变性，影响分离效果。因此，当需要大强度电场或长时间进行电泳时应配备冷却装置以维持温度的恒定。

4. 电渗

在电场作用下液体对于固体支持物的相对移动称为电渗。固体支持物多孔，且带有可解离的化学基团，因此常吸附溶液中的正离子或负离子，使溶液相对带负电或正电。例如在纸电泳中，由于滤纸纤维素羟基具有极性，因感应作用而使与滤纸相接触的水溶液带正电荷。带正电荷的液体带着溶解于其中的物质移向负极，若质点原来在电场中移向负极，从而加快了阳离子的前进，阻滞了阴离子的移动。

由于电渗现象往往与电泳同时存在，因此，电泳时颗粒的泳动速度取决于颗粒本身的泳动速度和缓冲液的电渗作用。如果介质中电泳蛋白质移动的方向与电渗现象相反，则实际上蛋白质泳动的距离等于电泳移动距离减去电渗距离。如果泳动方向和电渗方向一致，其蛋白质移动距离等于两者之和。在常用的电泳介质中，醋酸纤维素薄膜和聚丙烯酰胺凝胶几乎没有电渗作用。

三、电泳的分类

目前所采用的电泳方法大致可分为两类：自由界面电泳和区带电泳。自由界面电泳是Tiselius最早应用的电泳技术，它是在U形管中进行，分离效果较差。随着电泳技术的发展，根据自由界面电泳原理发展起来了毛细管电泳、显微电泳、等电聚焦电泳、等速电泳、密度梯度电泳等。区带电泳是目前应用最广泛的电泳方法，可根据电泳介质、电泳装置、电泳缓冲液等特点进行分类，以下主要介绍区带电泳的分类。

1. 按支持物类型分类

(1)滤纸电泳：以滤纸为支持介质的电泳方法，称为滤纸电泳。

(2)纤维素膜电泳：以醋酸纤维素薄膜为支持介质的电泳方法，称作醋酸纤维素薄膜电泳。

(3)凝胶电泳：以琼脂糖凝胶、聚丙烯酰胺凝胶、淀粉凝胶等为支持介质的电泳方法，分别命名为琼脂糖凝胶电泳、聚丙烯酰胺凝胶电泳、淀粉凝胶电泳。

2. 按电泳装置形式分类

(1)平板式电泳：指将支持介质水平放置，是最常用的电泳方式，如琼脂糖凝胶电泳。

(2)垂直电泳：将电泳支持介质垂直放置，如聚丙烯酰胺凝胶垂直板电泳和聚丙烯酰胺凝胶圆盘电泳。

3. 按pH的连续性分类

(1)连续pH电泳：即整个电泳过程中pH保持不变，如常用的纸电泳、醋酸纤维素薄膜电泳等。

(2)非连续pH电泳：电泳所用的缓冲液、支持物具有不同的pH值，如不连续聚丙烯酰胺凝胶电泳、等电聚焦电泳等。

4. 按电泳时所用电压分类

(1)高压电泳：使用的电压常常在500～1000V，电势梯度可高达50～200V/cm。这类电泳分离速度快，但产热较大，必须具备冷却装置，主要适用于小分子化合物的快速分离。

(2)常压电泳：使用的电压通常在500V以下，电势梯度为2～10V/cm。这类电泳的分离速度较慢，但电泳设备简单，医学检验使用的电泳方法大都属于此类。

第二节　醋酸纤维素薄膜电泳

一、概述

醋酸纤维素薄膜电泳(cellulose acetate membrane electrophoresis)是在纸电泳基础上发展起来的电泳方法，其以醋酸纤维素薄膜为支持介质，主要用于蛋白质的分离与鉴定。醋酸纤维素是纤维素的醋酸酯(二乙酸纤维素)，由纤维素的羟基经乙酰化而成。将醋酸纤维素溶于丙酮等有机溶液中可涂布成均一细密的微孔薄膜，厚度约0.1～0.15mm，具有泡沫状结构，渗透性强，对分子移动无阻力，在实验室和临床检验中都曾经广泛应用。

醋酸纤维素薄膜电泳与纸电泳比较具有以下优点：

1. 薄膜对蛋白质样品吸附极少，无“拖尾”现象，电泳后蛋白质区带界限清晰，本底低，定量测定精确性高。

2. 由于醋酸纤维素薄膜亲水性较滤纸小，薄膜中所容纳的缓冲溶液也较少，电渗作用小，分离速度快，电泳时间短，一般电泳 30～60min 即可，染色和脱色快，整个电泳过程仅需 60min 左右。

3. 灵敏度高，样品用量少，5μg 的蛋白质可得到满意的分离效果。因此，它特别适合于病理情况下微量异常蛋白的检测。

4. 经过冰醋酸乙醇溶液或其他透明液处理后，可使醋酸纤维素膜透明化，有利于对电泳图谱的光吸收扫描测定和膜的长期保存。

5. 操作简单，价格低廉。

目前醋酸纤维素薄膜电泳已成为医学和临床检验的常规技术，广泛用于血浆蛋白（图 3-1）、脂蛋白、糖蛋白、酶、胰岛素、甲胎蛋白等纸电泳不易分离的样品分析检测，可为心血管疾病、肝硬化等疾病的鉴别诊断提供依据。

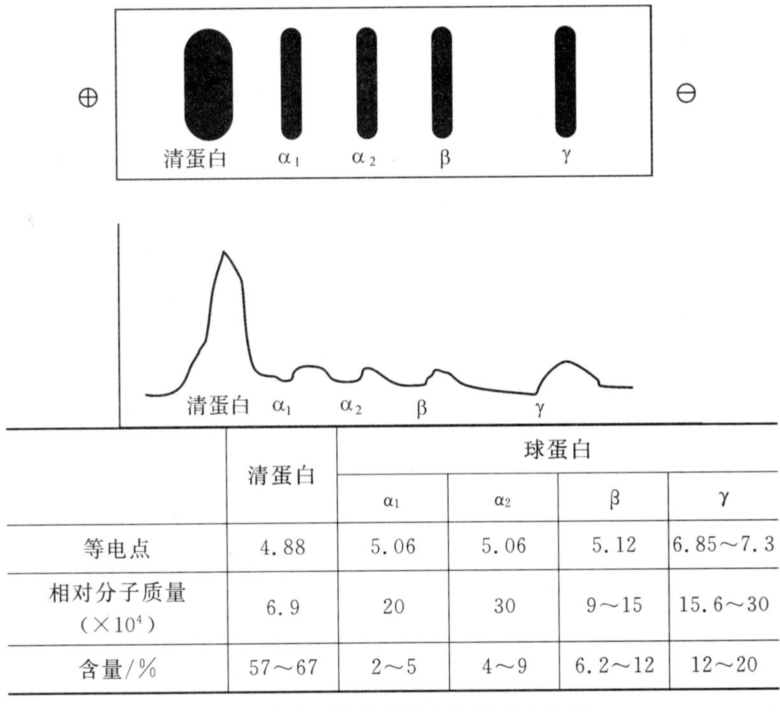

	清蛋白	球蛋白			
		α_1	α_2	β	γ
等电点	4.88	5.06	5.06	5.12	6.85～7.3
相对分子质量（$\times 10^4$）	6.9	20	30	9～15	15.6～30
含量/%	57～67	2～5	4～9	6.2～12	12～20

图 3-1　醋酸纤维素薄膜电泳分离血浆蛋白

二、材料与试剂

醋酸纤维素膜一般使用市售商品，常用的电泳缓冲液为 pH 8.6 的巴比妥缓冲液，浓度在 0.05～0.09mol/L。

三、操作要点

1. 膜的预处理

必须于电泳前将膜片浸泡于缓冲液中，浸透后，取出膜片并用滤纸吸去多余的缓冲液，不可吸得过干。

2. 加样

样品用量依样品浓度、本身性质、染色方法及检测方法等因素决定。对血清蛋白质的常规电泳分析，每 1cm 加样线不超过 1μl，相当于 60～80μg 的蛋白质。

3. 电泳

可在室温下进行。电压为 25V/cm 膜长，电流为 0.4～0.6mA/cm 膜宽。

4. 染色

一般蛋白质染色常使用氨基黑和丽春红，糖蛋白用甲苯胺蓝或过碘酸-Schiff 试剂，脂蛋白则用苏丹黑或品红亚硫酸染色。

5. 脱色与透明

对水溶性染料最普遍应用的脱色剂是 5%醋酸水溶液。为了长期保存或进行光吸收扫描测定，可浸入冰醋酸：无水乙醇＝30：70(V/V)的透明液中。

第三节　琼脂糖凝胶电泳

一、概述

琼脂糖是由琼脂分离制备的链状多糖，主要是由 D-半乳糖和 3,6-脱水-L-半乳糖连接而成的一种线性多糖。琼脂糖凝胶的孔径由制胶时琼脂糖的浓度决定，低浓度琼脂糖形成的孔径较大，而高浓度琼脂糖形成的孔径较小。琼脂糖凝胶电泳适合于免疫复合物、核酸与核蛋白的分离、鉴定及纯化，如 DNA 分离、DNA 限制性内切酶图谱分析、DNA 相对分子质量测定、RNA 的分离和鉴定等。DNA 凝胶电泳的过程见图 3-2。

琼脂糖凝胶电泳主要有以下特点：

1. 含液体可达 98%～99%，近似自由电泳，但是样品的扩散度比自由电泳小，对蛋白质的吸附极微。

2. 支持体均匀，电泳区带整齐，分辨率高，重复性好。

3. 电泳速度快，凝胶的制备简便。

4. 透明而不吸收紫外线，可以直接用紫外检测仪做定量测定。

5. 低熔点的琼脂糖(62～65℃)可以在 65℃时熔化，因此其中的样品(如 DNA)可以重新溶解到溶液中而回收。

6. 琼脂糖中的硫酸根含量较高，因此电渗作用大。

影响琼脂糖凝胶电泳分离效果的因素主要包括：

1. 相对分子质量

迁移距离与其相对分子质量的对数成反比。例如，通过对已知大小的标准 DNA 片段

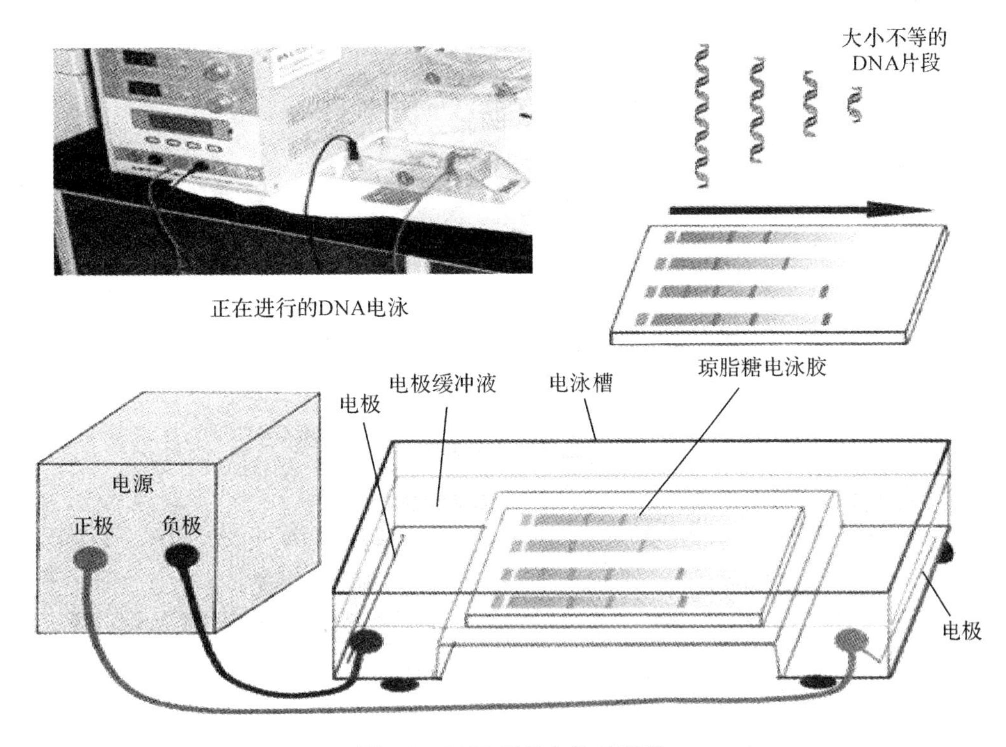

图 3-2 DNA 凝胶电泳示意图

的移动距离与未知片段的移动距离进行比较，可测出未知片段的长度。

2. 琼脂糖浓度

一定大小的 DNA 片段在不同孔径的琼脂糖凝胶中，电泳迁移率不相同。要有效地分离大小不同的 DNA 片段，主要是选择适当的琼脂糖凝胶浓度。不同浓度的琼脂糖凝胶适宜的分离 DNA 片段的大小范围详见表 3-1。

表 3-1 琼脂糖凝胶浓度与 DNA 大小分辨率范围的关系

琼脂糖凝胶浓度/%	可分辨的线性 DNA 大小范围/kb
0.3	60～5
0.6	20～1
0.7	10～0.8
0.9	7～0.5
1.2	6～0.4
1.5	4～0.2
2.0	3～0.1

3. DNA 构型

不同构型的 DNA 在琼脂糖凝胶中的电泳速度差别较大。在相对分子质量相当的情况下，不同构型 DNA 的移动速度依次为：共价闭环 DNA＞直线 DNA＞开环的双链环状 DNA。

二、材料与试剂

琼脂糖，TAE 电泳缓冲液，GoldView（或溴化乙啶，EB），载样缓冲液。

三、操作要点

1. 配制 5×（或 10×）TBE 或 TAE 或 TPE 贮存液，分别代表 Tris-硼酸、Tris-乙酸、Tris-磷酸缓冲液。TBE 的工作浓度一般为 0.5×，电泳前将贮存液稀释至工作浓度。配制凝胶用的 TBE 和电泳缓冲液应浓度一致。

2. 称取合适重量的琼脂糖，以便配制一定浓度的凝胶。如称取 2g 琼脂糖加在 100ml 0.5×TBE 中，将制成浓度为 2% 的琼脂糖凝胶。凝胶浓度越大，刚性越大，分辨能力也越强。常用的凝胶浓度在 1%～2%，凝胶浓度太小则凝胶太软而且易碎，不好操作，但有时候的确需要较小浓度的凝胶。

3. 将有机玻璃胶槽两端分别用橡皮膏紧密封住。将封好的胶槽置于水平支持物上，插上样品梳子，注意梳子齿下缘应与胶槽底面保持 1mm 左右的间隙。

4. 将配制好的适当浓度的凝胶放入微波炉中融解，2min 左右即可，需严密观察，小心操作，戴上微波炉专用手套（谨防烫伤），随时轻轻摇动以便琼脂糖完全融解，均匀分布。

5. 向冷却至 50～60℃ 的琼脂糖胶液中加入溴化乙啶（EB）溶液（贮存液浓度为 10mg/ml）使其终浓度为 0.5μg/ml。

6. 用移液器吸取少量融化的琼脂糖凝胶封橡皮膏内侧，待琼脂糖溶液凝固后，将剩余的琼脂糖小心地倒入胶槽内，使胶液形成均匀的胶层。

7. 待胶完全凝固后拨出梳子，注意不要损伤梳底部的凝胶，然后向槽内加入 0.5×TBE 稀释缓冲液至液面恰好没过胶板上表面。

8. 取 10μl DNA 样品与 2μl 6×上样液，混匀，用微量移液器小心加入样品槽中。若 DNA 含量偏低，则可依上述比例增加上样量，但总体积不可超过样品槽容量。每加完一个样品要更换枪头，以防止互相污染，注意上样时要小心操作，避免损坏凝胶或将样品槽底部凝胶刺穿。

9. 加样后，合上电泳槽盖，立即接通电源。控制电压保持在 60～80V（1～5V/cm 胶长），电流在 40mA 以上。当溴酚蓝条带移动到距凝胶前沿约 2cm 时，停止电泳。

10. 在紫外灯下观察染色后的或已加有 EB 的电泳胶板（图 3-3）。

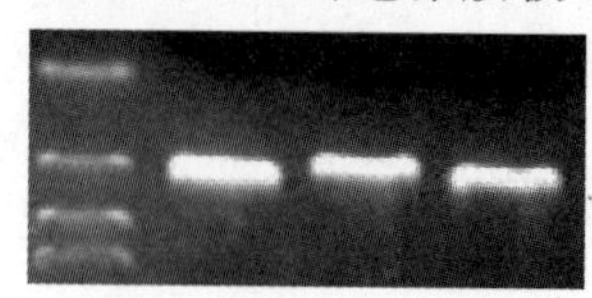

图 3-3　在紫外灯下观察电泳结果

四、常见问题及对策

表 3-2　琼脂糖凝胶电泳常见问题及对策

常见问题	原　因	对　策
DNA 条带模糊	DNA 降解	实验过程中避免核酸酶污染
	电泳缓冲液陈旧，电泳缓冲液多次使用后，离子强度降低，pH 值上升，缓冲能力减弱	建议 TBE 缓冲液使用 10 次后就更换
	电泳条件不合适	电泳时电压不应超过 20V/cm，温度应小于 30℃，对于巨大 DNA 链，温度应小于 15℃；核查所用电泳缓冲液的缓冲能力，要经常更换
	DNA 上样量过多	减少 DNA 上样量
	DNA 含盐过高	电泳前通过乙醇沉淀去除多余盐分
	有蛋白污染	电泳前酚抽提去除蛋白
	DNA 变性	电泳前勿加热，用 20mmol/L NaCl 缓冲液稀释 DNA
出现涂抹带或片状带或地毯样带	酶量过多或酶的质量差；dNTP 浓度过高；Mg^{2+} 浓度过高；退火温度过低；循环次数过多	减少酶量，或换用另一来源的酶；减少 dNTP 的浓度；适当降低 Mg^{2+} 的浓度；增加模板量，减少循环次数
不规则 DNA 带迁移	电泳条件不合适	电泳时电压不应超过 20V/cm，温度应小于 30℃，对于巨大 DNA 链，温度应小于 15℃，核查所用电泳缓冲液的缓冲能力，应经常更换
	DNA 变性	电泳前勿加热，用 20mmol/L NaCl 缓冲液稀释 DNA
带弱或无 DNA 带	DNA 上样量不够	增加 DNA 上样量，聚丙烯酰胺凝胶电泳比琼脂糖电泳灵敏度高，上样量可适当降低
	DNA 降解	实验过程中避免核酸酶污染
	DNA 跑出凝胶	缩短电泳时间，降低电压，提高凝胶浓度
	EB 染色的 DNA，所用光源不合适	应用短波长(254nm)的紫外光源
DNA 带缺失	DNA 跑出凝胶	缩短电泳时间，降低电压，提高凝胶浓度
	分子大小相近的 DNA 带不易分辨	增加电泳时间，核准凝胶浓度
	DNA 变性	电泳前勿加热，用 20mmol/L NaCl 缓冲液稀释 DNA
	DNA 链巨大，常规凝胶电泳不合适	在脉冲凝胶电泳上分析
电泳时 Ladder 扭曲	配胶的缓冲液和电泳缓冲液不是同时配制	同时配制，电泳缓冲液高出液面 1～2mm 即可
	电泳时电压过高	电泳时电压不应超过 20V/cm

第四节　聚丙烯酰胺凝胶电泳

一、概述

聚丙烯酰胺凝胶是由单体丙烯酰胺(acrylamide,简称 Acr)和交联剂 *N*,*N*′-甲叉双丙烯酰胺(*N*, *N*′-methylene-bisacylamide,简称 Bis)在加速剂四甲基乙二胺(tetram-ethyl ethylenediamine,简称 TEMED)和催化剂过硫酸铵(ammonium persulfate,简称 AP,$(NH_4)_2S_2O_3$)或核黄素(riboflavin,即维生素 B_2,$C_{17}H_2O_6N_4$)的作用下聚合交联成三维网状结构的凝胶,以此凝胶为支持物的电泳称为聚丙烯酰胺凝胶电泳(polyacrylamide gel electrophoresis,简称 PAGE)(图 3-4)。

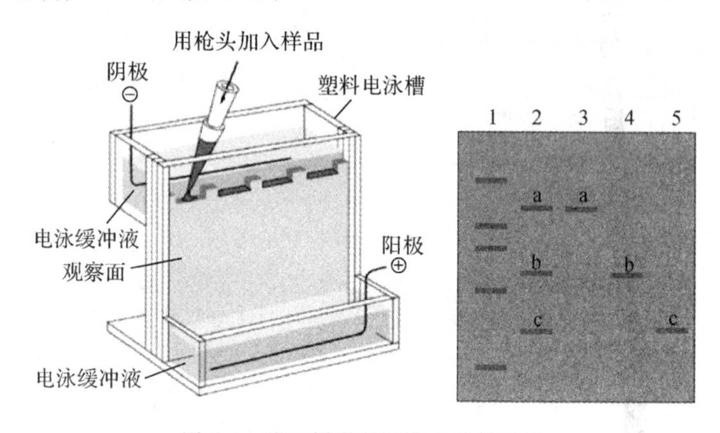

图 3-4　聚丙烯酰胺凝胶电泳示意图

与其他凝胶相比,聚丙烯酰胺凝胶电泳具有以下优点:

1. 在一定浓度时,凝胶透明,有弹性,机械性能好;

2. 化学性能稳定,与被分离物不起化学反应,在很多溶剂中不溶;

3. 对 pH 和温度变化较稳定;

4. 几乎无吸附和电渗作用,只要单体丙烯酰胺纯度高,操作条件一致,则样品分离重复性好;

5. 样品不易扩散,且用量少,其灵敏度可达 1μg;

6. 凝胶孔径可调节,根据被分离物的相对分子质量选择合适的浓度,通过改变单体及交联剂的浓度调节凝胶的孔径;

7. 较醋酸纤维素薄膜电泳、琼脂糖电泳等有更高的分辨率,尤其在不连续凝胶电泳中,集浓缩、分子筛和电荷效应于一体。

二、聚丙烯酰胺凝胶聚合的原理

聚丙烯酰胺凝胶的聚合过程如图 3-5 所示。

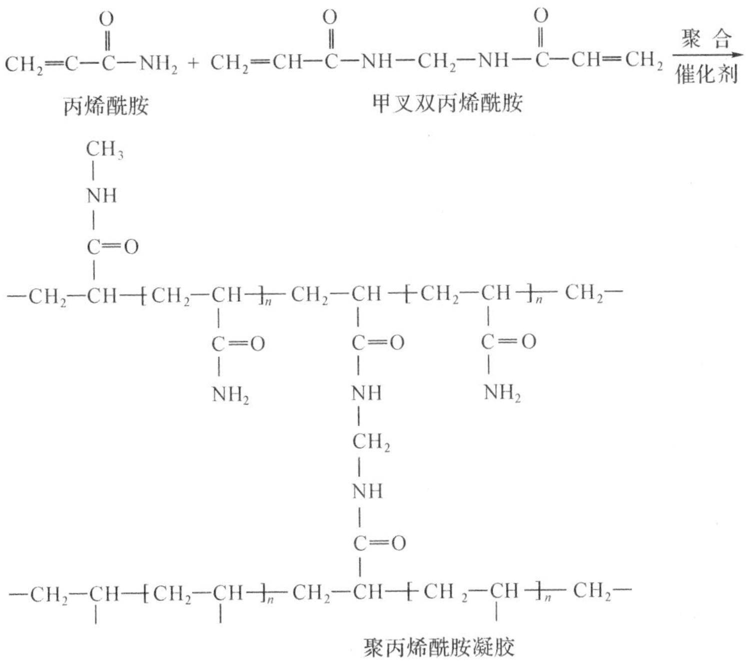

$$\underset{\text{丙烯酰胺}}{CH_2{=}C{-}\overset{\overset{\large O}{\|}}{C}{-}NH_2} + \underset{\text{甲叉双丙烯酰胺}}{CH_2{=}CH{-}\overset{\overset{\large O}{\|}}{C}{-}NH{-}CH_2{-}NH{-}\overset{\overset{\large O}{\|}}{C}{-}CH{=}CH_2} \xrightarrow[\text{催化剂}]{\text{聚合}}$$

$$CH_3{-}NH{-}C{=}O \text{ (连于第一个 CH 上)}$$

$$-CH_2-CH-[CH_2-CH]_n-CH_2-CH-[CH_2-CH]_n-CH_2-$$

$$\text{侧链：} C{=}O{-}NH_2 \qquad C{=}O{-}NH{-}CH_2{-}NH{-}C{=}O \qquad C{=}O{-}NH_2$$

$$-CH_2-CH-[CH_2-CH]_n-CH_2-CH-[CH_2-CH]_n-CH_2-$$

聚丙烯酰胺凝胶

图 3-5 聚丙烯酰胺凝胶的聚合过程

（一）化学聚合方法

用过硫酸铵作为催化剂。在水溶液中，四甲基乙二胺（TEMED）可以催化 AP 产生游离自由基 $\cdot SO_4^-$，$\cdot SO_4^-$ 使丙烯酰胺单体的双键打开，形成游离基丙烯酰胺，后者和甲叉双丙烯酰胺单体作用聚合成凝胶。聚合的初速度和过硫酸铵浓度的平方根成正比。这种催化系统需要在碱性条件下进行。例如，在 pH 8.8 条件下 7%的丙烯酰胺溶液 30min 就能聚合完毕；在 pH 4.3 时聚合很慢，要 90min 才能完成。温度与聚合的快慢成正比。通常在室温下就很快聚合，温度升高聚合更快。如将混合后的凝胶溶液放在近 0℃ 的地方，就能延缓聚合。一般来讲，温度过低、有氧分子或不纯物质存在时都能延缓凝胶的聚合。为了防止溶液中气泡含有氧分子而妨碍聚合，在聚合前需将溶液分别抽气，然后再混合。

（二）光聚合方法

用核黄素作催化剂，核黄素在光照下分解并被还原成无色型核黄素，后者再被氧化成带有游离基的核黄素，引发聚合作用，使丙烯酰胺和甲叉双丙烯酰胺聚合成凝胶。聚合过程中也需要加入 TEMED 作为加速剂促进聚合作用。光源可采用日光灯光、直接日光或室内强散射光照射。光聚合形成的凝胶孔径较大（大孔径），且随时间的延长而逐渐变小。

三、聚丙烯酰胺凝胶的相关特性

（一）凝胶总浓度及交联度对凝胶性能的影响

凝胶总浓度和丙烯酰胺与甲叉双丙烯酰胺的比值决定了凝胶的孔径、机械性能、弹性、透明度、黏度和聚合程度。凝胶浓度是指 100ml 凝胶中含丙烯酰胺和甲叉双丙烯酰胺的总克数，通常用 $T\%$ 表示。交联度是指交联剂甲叉双丙烯酰胺占单体丙烯酰胺和甲叉双丙烯酰胺总量的百分数，通常用 $C\%$ 表示。一般 $T\%$ 愈大则胶愈硬，也易脆裂；$T\%$ 过小，则胶稀软，不易操作。$C\%$过高不仅胶变脆，缺乏弹性，而且透明度降低；$C\%$过低则胶聚合不良。丙烯酰胺和甲叉双丙烯酰胺数量还影响胶孔径大小。当$T\%$值固定时，甲叉双丙烯酰胺浓度在5%时胶孔径最小，高于或低于5%时胶孔径相应变大。因此，必须根据样品分子的大小选择凝胶配方。

为了使实验有较高的重现性，制备凝胶所用的丙烯酰胺浓度、丙烯酰胺与甲叉双丙烯酰胺的比例、催化剂的浓度、聚合反应的pH值、聚合时间等都必须保持恒定。

（二）凝胶浓度与被分离物相对分子质量的关系

由于凝胶浓度不同，平均孔径不同，被分离分子的相对分子质量也不同，所以电泳时应根据被分离分子的相对分子质量大小选择所需凝胶的浓度范围。相对分子质量范围与凝胶浓度的关系见表3-3。

表3-3 相对分子质量范围与凝胶浓度的关系

相对分子质量范围	适用的凝胶浓度/%
蛋白质	
$<10^4$	20～30
$10^4\sim4\times10^4$	15～20
$4\times10^4\sim10^5$	10～15
$10^5\sim5\times10^5$	5～10
$>5\times10^5$	2～5
核酸(RNA)	
$<10^4$	15～20
$10^4\sim10^5$	5～10
$10^5\sim2\times10^6$	2～2.6

一般情况下，分析体内蛋白质多采用7.5%浓度凝胶可取得较满意的结果。在分析未知样品时可用4%～10%的梯度胶，根据分离目的选择分离效果最佳的浓度。

四、聚丙烯酰胺凝胶电泳的原理

根据电极缓冲液和凝胶缓冲液pH值的连续性不同，聚丙烯酰胺凝胶电泳分为：

连续PAGE：在电极缓冲液与凝胶缓冲液的pH值相同、凝胶孔径一致的体系中进行电泳。

不连续PAGE：电泳在电极缓冲液与凝胶缓冲液pH值不同、凝胶孔径不同的体系中完成。

两种方式的共同之处是都有电荷效应及分子筛效应，但不连续PAGE还有对样品的浓缩效应。目前，连续PAGE的应用比较广泛，虽然电泳过程中无浓缩效应，但利用分子筛及电荷效应也可使样品得到较好的分离。

五、不连续PAGE

不连续PAGE的凝胶具有两种不同的凝胶层：最上层是浓缩胶，为大孔胶（样品胶和浓缩胶),用 Tris-HCl 缓冲液,pH 6.7;下层是分离胶,该层为小孔胶,用 Tris-HCl 缓冲液,pH 8.8。上下电泳槽以 Tris-甘氨酸为缓冲液,pH 8.3。这样构成凝胶层、缓冲液、pH 值及电场强度的不连续性(图 3-6),在这样的凝胶系统中电泳过程存在浓缩效应、电荷效应及分子筛效应。

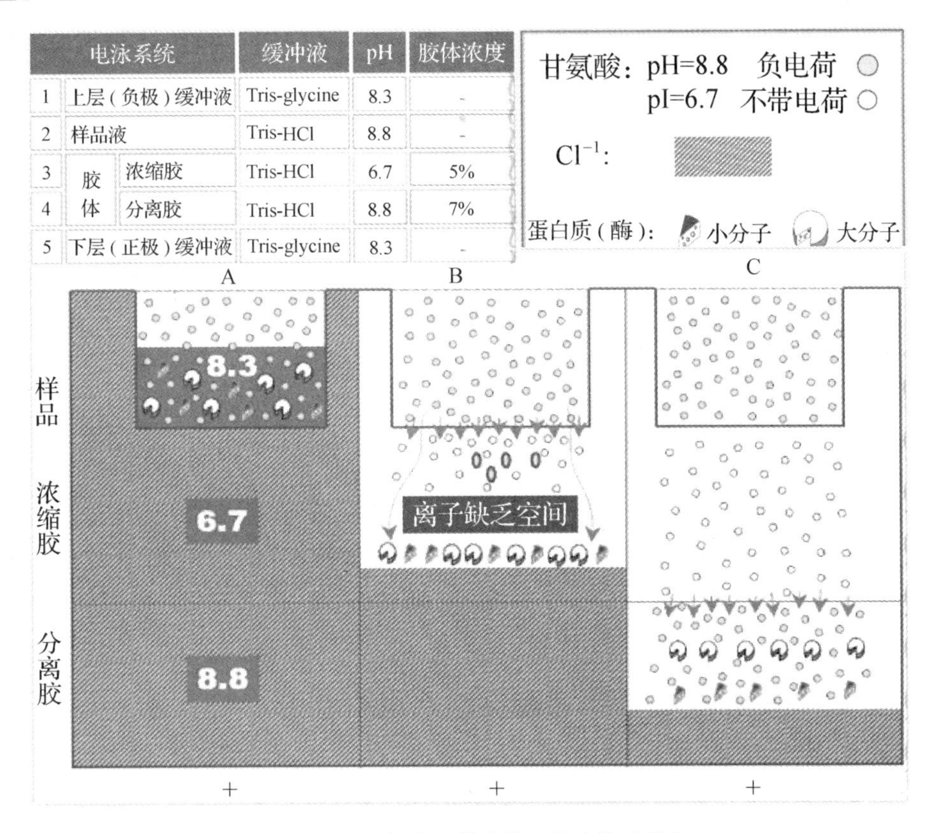

图 3-6 不连续聚丙烯酰胺凝胶电泳示意图

(一) 浓缩效应

把较稀的样品加在浓缩胶上,经过大孔径凝胶的迁移作用而被浓缩至一个狭窄的区带即浓缩效应。样品液和浓缩胶选用 Tris-HCl 缓冲液,电极液选用 Tris-甘氨酸。电泳时,由于 HCl 解离度大,几乎全部释放出氯离子;而在电泳槽的 Tris-甘氨酸缓冲液是 pH 8.3,因为甘氨酸的等电点为 6.0,在电泳过程中,只有极少数甘氨酸分子(0.1%~1%)解离。一般酸性蛋白质在此 pH 值下也解离为带负电荷的离子,但其解离度比 HCl 小,比甘氨酸大。这三种离子带有同性电荷,在一定的电场作用下,它们的泳动率是不一样的。而且它们的有效泳动率是按下列次序排列的,即:

$$m_{\mathrm{Cl}}\alpha_{\mathrm{Cl}} > m_{\text{蛋白质}}\alpha_{\text{蛋白质}} > m_{\text{甘氨酸}}\alpha_{\text{甘氨酸}}$$

式中:$m\alpha$ 为有效泳动率;m 为泳动率;α 为解离度。

有效泳动率最大的称为快离子,最小的称为慢离子。电泳开始时三种凝胶中都含有快离子,只有电泳槽中的缓冲液含有慢离子。电泳开始后,由于快离子的泳动率最大,在快离子后面就形成一个离子浓度低的区域,即低电导区。

电导率与电势梯度是成反比的:

$$E=I/\eta$$

式中:E 为电势梯度;I 为电流密度;η 为电导率。

因此,低电导区就产生了较高的电势梯度。这种高电势梯度使蛋白质和慢离子在快离子后面加速移动。因而在高电势梯度和低电势梯度区之间形成一个迅速移动的界面。由于样品中蛋白质的有效泳动率恰好介于快、慢离子之间,因此也就聚集在这个移动的界面附近,被浓缩成一狭小的样品薄层。即原来 1cm 厚的样品层可被浓缩为 25μm 左右的厚度。

当夹在快离子和慢离子中间的蛋白质通过浓缩胶进入分离胶时,pH 值和凝胶孔径突然改变,分离胶的 pH 为 8.8,接近于甘氨酸的 pK_2 值(9.7～9.85),慢离子甘氨酸的解离度增大,因而其有效迁移率也增加,此时慢离子的有效迁移率超过了所有蛋白质的有效迁移率,从而赶上并超过所有蛋白质分子,高电压梯度消失,浓缩效应也随之消失,使蛋白质样品在一个均一的电压梯度和 pH 条件下通过分离胶。

(二) 分子筛效应

各种蛋白在孔径小的分离胶中的迁移速度与相对分子质量大小和形状密切相关。相对分子质量小且为球形的蛋白质分子受阻力小,移动快,走在前面;反之,则阻力大,移动慢,走在后面。即使静电荷相似,相对分子质量不同的蛋白质分子也会由于分子筛效应在分离胶中被分开,因此,通过凝胶的分子筛作用可将各种相对分子质量或不同构型的蛋白质彼此分开,形成各自的区带。

(三) 电荷效应

进入 pH 8.8 的分离胶后,在高度浓缩的蛋白质薄层中,由于各种蛋白质分子的 pI 不同,所带电荷不同,其迁移率也不同。表面带电荷多,迁移快;反之,则慢。因此,各种蛋白质按电荷多少、相对分子质量大小及分子形状各异,以不同迁移率而分离。

六、SDS-PAGE

SDS-PAGE 仅根据蛋白分子亚基的不同而分离蛋白。这个技术首先是 1967 年由 Shapiro 建立,他发现在样品介质和丙烯酰胺凝胶中加入离子去污剂和强还原剂后,蛋白质亚基的电泳迁移率主要取决于亚基相对分子质量的大小,电荷及质点形状因素可以忽视。SDS 是阴离子去污剂,作为变性剂和助溶试剂,它能断裂分子内和分子间的氢键,使分子去折叠,破坏蛋白分子的二、三级结构。而强还原剂,如巯基乙醇、二硫苏糖醇能使半胱氨酸残基间的二硫键断裂。在样品和凝胶中加入还原剂和 SDS 后,分子被解聚成多肽链,解聚后的氨基酸侧链和 SDS 结合成蛋白-SDS 胶束,所带的负电荷大大超过了蛋白原有的相对分子质量,这样就消除了不同分子间的电荷差异和结构差异。

PAGE 的基本装置有两种,故形成了两种电泳方式:圆盘电泳(disc-electrophoresis)和垂直板电泳(slab electrophoresis)。两者电泳原理完全相同,只是灌胶的方式不同。前者凝胶灌在玻璃管中,后者凝胶灌在嵌入橡胶框凹槽中的长度不同的两块平行玻璃板的间隙内。与圆盘电泳比较,垂直板电泳有以下优点:

1. 表面积大而薄,便于冷却,降低热效应,分辨率高;
2. 胶的厚度可调,可根据不同的实验目的选择不同厚度的凝胶,不仅可用于分析,还可用于制备；

3.在同一块胶板上可同时对多个样品进行分析，便于在同一条件下比较分析样品，还可用于印迹转移电泳及放射自显影；

4.胶板制作方便，易剥离，样品用量少；

5.胶板薄而透明，电泳染色后可制成干板，便于长期保存与扫描；

6.可与等电聚焦(IEF)配合，进行IEF-PAGE双向电泳，提高分辨率，扩大应用范围。

PAGE的分辨率明显高于醋酸纤维素薄膜电泳和琼脂糖凝胶电泳。血清蛋白经醋酸纤维素薄膜电泳只能分出五六条区带，而聚丙烯酰胺电泳可分离出数十条区带，因此PAGE已成为生命科学各个领域的重要研究方法。

七、材料与试剂

三羟甲基氨基甲烷(Tris)、四甲基乙二胺(TEMED)、丙烯酰胺(Acr)、甲叉双丙烯酰胺(Bir)、甘氨酸、过硫酸铵(AP)、蔗糖、溴酚蓝、联苯胺、过氧化氢。

八、操作要点

1.聚丙烯酰胺凝胶系统的配制

A液：1mol/L HCl 48.0 ml，Tris 36.4g，TEMED 0.23ml加水至100ml，pH 8.3。

B液：丙烯酰胺28.0g，甲叉双丙烯酰胺0.735g加水至100ml。

C液：过硫酸铵(用前配制)1.4%。

配胶：$V_A : V_B : V_C : V_{H_2O} = 1 : 2 : 0.4 : 4.6$

配胶后立即灌好装胶的玻璃管。

2.电泳缓冲液的配制

Tris 30.0g，甘氨酸14.4g加水至1000ml，pH 8.3、使用时稀释10倍。

3.染色液——过氧化物酶染液的配制

醋酸联苯胺溶液5ml，3% H_2O_2 2ml，H_2O 93ml。

4.电泳仪的安装

(1)装上贮槽和固定螺丝销钉，仰放在桌面上。

(2)将长、短玻璃板分别插到“凵”形硅胶模框的凹形槽中，注意勿用手接触灌胶面的玻璃。

(3)将已插好玻璃板的凝胶模平放在上贮槽上，短玻璃板应面对上贮槽。

(4)将下贮槽的销孔对准已装好螺丝销钉的上贮槽，双手以对角线的方式旋紧螺丝帽。

(5)竖直电泳槽，在长玻璃板下端与硅胶模框交界的缝隙内加入已融化的1%琼脂(糖)。其目的是封住空隙，凝固后的琼脂(糖)中应避免有气泡。

5.加样和电泳

各根凝胶管加入0.05ml的样品酶粗提液。加一小微滴0.005%溴酚蓝，上、下贮槽加电极缓冲液后在低于15℃气温中，以每管电流2mA进行电泳，当溴酚蓝迁至凝胶下端0.5～1cm时停止电泳。电泳时间3～4h。

6.用长针头注射器注水法自凝胶管中取出凝胶，注意凝胶要完整，不能断裂。

7.染色

将完整的凝胶条置于中号试管中，加入染色液，浸入整条凝胶，室温下染色20～30min，呈现酶带后取出凝胶，用水漂洗终止染色。

8.带形清楚的胶应作摄影记录或做扫描测定，胶晾干后还作永久保存。

九、常见问题及对策

表 3-4 聚丙烯酰胺凝胶电泳常见问题及对策

常见问题	原因	对策
谱带不清晰或特征谱带不明显	凝胶贮备液、样品提取液失败	配制好的贮备液、提取液在4℃条件下贮存20天内效果较好，时间太长有些药品会失效
	样品提取时间太短	要求加样品提取液后摇匀，5min后再摇一次，30min后用离心机（5000r/min）离心5min，取上清液电泳
	磨样时样本颗粒混掺	磨完每个样品后擦净磨样器，使用的承样纸也要每次换一张
	点样时发生漂移	插取梳子的时间要恰当，防止由于人为串位或样品梳间凝胶被破坏，用力要均匀，点样时要专心
	电压太低	适当调高电压。电压太低时迁移率差别不太大，特征区不明显
	电泳超时	注意观察，当甲基绿指示线下到玻璃板底部，即可停止电泳
	染色液陈旧，染色时间太短	要经常更换染色液或再添加少许染料乙醇溶液，一般染色时间为30℃条件下2～4h
	某些药品实际成分不足	注意三氯乙酸和考马斯亮蓝的有效成分，必要时需更新
	电泳时室温太高	在冰箱中进行电泳效果最好
	用加酶洗衣粉冲洗胶面	使用不加酶的洗衣粉。洗衣粉中的酶会冲去胶板的蓝色而影响谱带的清晰度
谱带不整齐	玻璃板不干净	制板前要将玻璃洗净、晒干。若玻璃板有污点，会令凝胶与玻璃黏合不紧密，电泳时蛋白质迁移速度不一致
	药液比例不适当或未摇匀	准确称量，规范操作
	分离胶、浓缩胶中有气泡	在灌液时，要使电泳槽稍微倾斜，避免产生气泡，发现气泡立即用钢丝挑出
	分离胶不整齐	在灌入分离胶后用手振荡一下电泳槽，振平胶面，迅速用正丁醇封住胶面；水封时注意不要冲坏胶面；用滤纸吸水时，不能接触胶面
	凝胶放置时间短	凝胶完全后必须放置30min到1h

续表

常见问题	原　因	对　策
谱带颜色深浅不一致	点样时用量不一致	这种误差难以完全消除，只能通过各种途径减少误差
	重要特征的部位丢失	在磨样时要注意将样品完全收集
	染色时胶板重叠	染色时染色液量要大一些，或使用多个染色槽
谱带拖尾	电极缓冲液失效	电极缓冲液最好是现用现配，使用最多不超过四次。电极缓冲液存放时间过长或使用次数太多，引起蛋白质谱带扩散
	分离胶面不平	分离胶面不平，出现倾斜度，则会造成蛋白质谱带出现拖尾现象，灌胶后要迅速振荡，放置水平
	电压太高	要根据品种选择适当的电压。当电压太高时，电泳速度加快，蛋白质分离效果差，并出现拖尾现象
	样品中盐离子强度过高	含盐量高的样品可用透析法或滤胶过滤脱盐。最大加样量不得超过每 100μl 加 100μg 蛋白质
电泳不跑	主要是电路没有接通	要逐项检查电路，排除故障：①电极接反；②电极缓冲液不够；③电泳仪接线盒插头没插好；④电泳仪保险丝断裂；⑤电泳槽铂丝断裂
其他故障	胶板容易龟裂	①玻璃板陈旧发生粘板，要及时更换玻璃板；②药品比例不当，凝胶太硬或太软，缺乏韧性，在操作时，要严格按照比例定量操作
	胶面不齐	在振荡无效时，则是因为催化剂 AP 量太大，凝结速度太快，要减少 AP 用量，使凝胶时间控制在 15min 左右
	胶不凝结	过硫酸铵要新鲜配制。40%的过硫酸铵储存于冰箱中只能使用 2～3 天；低浓度的过硫酸铵溶液只能当天使用

第五节　其他电泳技术

一、等点聚焦电泳

等电聚焦(isoelectric focusing，IEF)电泳在 20 世纪 60 年代中期问世，它利用有 pH 梯度的介质分离不同等电点的蛋白质。氨基酸和蛋白质是两性物质，所带电荷随 pH 变化而变化。由于蛋白质间氨基酸组成不同，它们的等电点也有差异，利用这一特点可对蛋白质进行分析和分离,分辨率可达 0.01pH 单位。在等电聚焦的电泳中,具有 pH 梯度的介质从阳极到阴极分布,pH 值逐渐增加。在碱性区域,蛋白质分子带负电荷,向阳极移动,位于酸性区域的蛋白质分子带正电荷,向阴极移动,直至某一 pH 位点时失去电荷而停止移动,此处介质的 pH 等于聚焦蛋白质分子的等电点。

组成 pH 梯度的方式有两种:一种是人工 pH 梯度,由于其不稳定,重复性差,现已不再使用。另一种是天然 pH 梯度,利用等电点彼此接近的一系列两性电解质的混合物,在正极端吸入酸液,如硫酸、磷酸或醋酸等,在负极端引入碱液,如氢氧化钠、氨水等,形成 pH 梯度。两性电解质是人工合成的一种复杂的多氨基-多羧基混合物,不同两性电解质具有不同的 pH 梯度范围(表 3-5),因此要根据待分离样品的具体 pH 梯度范围选择适当的两性电解质,使待分离样品中各个组分都介于两性电解质的 pH 范围之内。

表 3-5　两性电解质的 pH 梯度范围

pH 范围	两性电解质 pH 范围	在凝胶中的百分比/%
3.5～10	3.5～10	2.4
4～6	3.5～10	0.4
	4～6	2
6～9	3.5～10	0.4
	6～8	1
	7～9	1
9～11	3.5～10	0.4
	9～11	2

等电聚焦具有极高的灵敏度和分辨率(10^{-10}g 级),可将人血清分出 40～50 条区带,特别适合于研究蛋白质的微观不均一性。例如,一种蛋白质在 SDS-聚丙烯酰胺凝胶电泳中显示单一区带,而在等电聚焦中出现三条带,这可能是由于蛋白质存在单磷酸化、双磷酸化和三磷酸化三种形式所致。由于几个磷酸基团不会对蛋白质的相对分子质量产生明显影响,因此在 SDS-聚丙烯酰胺凝胶电泳中仅显示一个区带;而在等电聚焦电泳时,由于它们所带的电荷有差异,因此被分离检测到。

电泳后,不可用染色剂直接染色,因为常用的蛋白质染色剂也能和两性电解质结合,因此应先将凝胶浸泡在 5%的三氯醋酸中去除两性电解质,然后再以适当的方法染色。

二、双向电泳

双向电泳是指利用蛋白质等电点及相对分子质量大小的差异,进行两次凝胶电泳,达到分离蛋白质群的技术。双向电泳技术第一向电泳依据蛋白质的等电点不同,通过等电聚焦将带不同净电荷的蛋白质进行分离;第二向电泳依据蛋白质相对分子质量的不同,采用 SDS-聚丙烯酰胺凝胶电泳进行蛋白质分离。

三、毛细管电泳

毛细管电泳(capillary electrophoresis,CE)又称高效毛细管电泳(high performance capillary electrophoresis，HPCE），是以高压电场为驱动力，以毛细管为分离通道的液相分离技术。毛细管电泳现在已经成为一种基础性的分析工具，广泛应用于各个领域，具有样品处理简单、多组分同时测定、快速高效、自动化及检出限更低等多重优势。

在毛细管电泳中，无论是带电粒子的表面还是毛细管管壁的表面都由相对固定和游离的两部分离子组成，即双电层。双电层是表面异号的离子层，凡是浸没在液体中的界面都会产生双电层。双电层中的水合阳离子引起流体整体朝负极方向移动的现象叫电渗。

粒子在电解质中的迁移速度等于电泳和电渗流两种速度的矢量和。阳离子的移动方向和电渗流一致，最先流出；中性粒子的电泳流速度为“0”，其迁移速度等于电渗流速度；阴离子的移动方向和电渗流相反，但因电渗流速度一般都大于电泳速度，它将在中性粒子之后流出，从而实现分离。

四、脉冲电场凝胶电泳

电泳所用的凝胶是惰性介质，电泳的迁移率与分子的摩擦系数成反比。摩擦系数与分子大小、极性及介质黏度相关。脉冲电泳是一种分离大分子 DNA 的方法。在普通的凝胶电泳中，大的 DNA 分子（>10kb）移动速度接近，很难分离。在脉冲电泳中，两个有一定夹角的电场（一般为 45°角）不断变动。DNA 分子带有负电荷，会朝正极移动。较小的分子在电场转换后可以较快转变移动方向，而较大的分子在凝胶中受摩擦力影响，转向较为困难。因此，小分子的速度快于大分子。脉冲电场凝胶电泳可以用来分离 10kb～10Mb 的 DNA 分子。

（杜冠魁　王　政）

实验四　血清蛋白醋酸纤维素薄膜电泳(微量法)

一、实验目的

1. 掌握电泳法分离血清蛋白质的原理。
2. 掌握血清蛋白醋酸纤维素薄膜电泳的操作方法。

二、实验原理

带电粒子在电场中向与其电性相反的电极方向泳动的现象称为电泳。血清中各种蛋白质的等电点在 pH 4.0～7.3,在 pH 8.6 的缓冲溶液中均带负电荷,在电场中向正极泳动。血清中各种蛋白质的等电点不同,因此带电荷量也不同。此外,各种蛋白质的分子大小各有差异,因此在同一电场中泳动的速度不同。分子小而带电荷多者,泳动较快;反之,则较慢。

醋酸纤维素薄膜电泳采用醋酸纤维素薄膜(CAM)为支持物。醋酸纤维素薄膜具有均一的泡沫状结构,渗透性强,对分子移动的阻力弱。用其作支持物进行电泳,具有微量、快速、简便、分离清晰、对样品无吸附现象等优点,现已广泛用于血清蛋白、糖蛋白、脂蛋白、血红蛋白、酶的分离和免疫电泳等方面。

三、仪器和试剂

1. 仪器

电泳仪、电泳槽和加样器、2cm×6cm 醋酸纤维素薄膜。

2. 试剂

(1)0.075mol/L 巴比妥缓冲液(pH 8.6):巴比妥钠 15.45g、巴比妥 2.76g 溶于蒸馏水,稀释至 1000ml。

(2)丽春红 S 染色液:1.8g 丽春红 S 染料、26.8g 三氯乙酸、2.68g 磺基水杨酸,加蒸馏水至 200ml。

(3)漂洗液:3%醋酸溶液。

四、实验步骤

1. 浸泡 CAM 膜

在距 2cm×6cm 的 CAM 粗糙面一端 1.5cm 处用铅笔划一加样线。电泳前先将醋酸纤维素薄膜在巴比妥缓冲液中浸泡 15～30min。

2. 加样

取出醋酸纤维素薄膜,用滤纸吸干。用加样器蘸取预混溴酚蓝的血清,于 CAM 粗糙面加样线上轻印。

3. 电泳

将印有血清的 CAM 粗糙面向下,加样端放在负极,置于电泳槽的滤纸条电桥上,120V 电泳 30min。

4.染色与漂洗

停止电泳，取出薄膜放入丽春红S染色液中染色5～10min，再放入漂洗液中，至非蛋白部分无色为止。

五、注意事项

选择优质薄膜，无空泡、皱褶、厚薄不匀或霉变等现象。样品点在薄膜粗糙面，点样量适宜。电泳时光滑面朝上，粗糙面朝下，以防水分蒸发干燥，同时电泳槽要密闭，以免影响电泳效果。缓冲液量不宜太少，两槽缓冲液应同在一个水平面上。调节好电流、电压，一般电压为90～150V，电流0.4～0.6mA/cm宽，夏季通电时间约为40min，冬季约为45min。溶血可使β-球蛋白含量增高，清蛋白含量降低，故应防止样品溶血。

六、临床意义

血清蛋白质醋酸纤维素薄膜电泳在临床上常用于分析血、尿等样品中的蛋白质，供临床上诊断肝、肾等疾病时参考。肝炎：白蛋白、α_1-球蛋白、α_2-球蛋白、β-球蛋白下降，γ-球蛋白升高。肝硬化：白蛋白、α_1-球蛋白、α_2-球蛋白下降明显，γ-球蛋白极度升高。肾病综合征：白蛋白降低，α_2-球蛋白和β-球蛋白升高。

血清蛋白是血清中最主要的固体成分，含量为60～80g/L，绝大部分由肝脏合成，仅γ-球蛋白由浆细胞合成。正常值：白蛋白57%～72%，α_1-球蛋白2%～5%，α_2-球蛋白4%～9%，β-球蛋白6.5%～12%，γ-球蛋白12%～20%。血清蛋白的主要功能：维持血浆胶体渗透压；调节血浆pH值；维持酸碱平衡；运输营养物质、代谢物、激素、药物及金属离子等；免疫作用。

七、思考题

利用本次实验课所学知识，分析表3-6中个各蛋白质的混合物在醋酸纤维素薄膜电泳实验中的电泳结果，请绘图表示并说明原因（注：使用pH 7的电泳缓冲液，点样端置于负极）。

表3-6　各蛋白质等电点及相对分子质量

蛋白质	等电点	相对分子质量
A	4.5	34000
B	6.2	60000
C	8.0	28000

（王　政　杜冠魁）

实验五　DNA 琼脂糖凝胶电泳

一、实验目的

1. 掌握 DNA 电泳的技术。

2. 利用琼脂糖凝胶电泳检测 DNA 含量、相对分子质量及分离不同大小的 DNA 片段。

二、实验原理

电泳是指带电粒子在电场中向与其自身带相反电荷的电极移动的现象。pH＞pI 时，DNA 分子带负电荷，在电场中 DNA 向正极泳动。不同的 DNA 分子因电荷数、构象及相对分子质量大小的不同，在同一电泳系统中的泳动速度有差异，从而达到分离的目的。根据标准 DNA 的迁移率，可测定未知 DNA 分子的相对分子质量大小。DNA 迁移率与相对分子质量的对数值成反比。

三、仪器和试剂

1. 仪器

水平板电泳槽、灌胶模具及梳齿、电泳仪、55℃水浴、沸水浴、微量移液器。

2. 试剂

(1)DNA 样品、DNA 标准相对分子质量标记物、琼脂糖、1×电泳缓冲液 TAE、6×样品缓冲液。

(2)溴化乙啶(EB)溶液：水中加入溴化乙啶，搅拌数小时至溶解。将配好的 10mg/ml 溴化乙啶溶液装在棕色瓶中，室温保存，使用时稀释至 1mg/ml。

四、实验步骤

1. 将胶板放入制胶槽中，水平放置。

2. 称取 0.4g 琼脂糖置于三角瓶中，加入 50ml 1×TAE 电泳缓冲液，加热，煮沸，振摇，使琼脂糖全部熔化。待胶冷却至 60℃左右时，在胶液中加入染料(溴化乙啶溶液 2μl 或 GoldView 2μl)。将琼脂糖倒入胶槽内，形成均匀的胶层。小心放入梳子，以免产生气泡。

3. 待胶完全凝固后(20min 左右)，小心向上方拔出梳子，避免前后左右摇晃，以防破坏胶面及加样孔。

4. 将凝胶放入电泳槽中，加样孔朝向负极，向电泳槽内加入 1×TAE 电泳缓冲液至液面覆盖凝胶。

5. 取 DNA 样品与 6×样品缓冲液混匀，用移液器小心加入样品槽中，每加完一个样品要更换一个枪头。

6. 合上电泳槽盖，接通电源，控制电压 80～150V，电流 40mA 以上。根据实验要求控制电泳时间。

7. 在紫外灯下观察，并在凝胶成像系统中照相、保存。

五、注意事项

1. EB具有强诱变性，可致癌，必须戴手套操作。
2. 制胶和加样时要防止产生气泡。
3. 凝胶方向要安放正确。
4. 电泳时确保电泳槽已接通，观察电极气泡。

六、临床意义

琼脂糖凝胶电泳是分离鉴定、纯化DNA片段的主要方法，目前主要用于重组基因的分离、鉴定、限制性酶切图谱分析、Southern杂交分析、Northern杂交分析、Western杂交分析，以及PCR产物的分离鉴定等。

七、思考题

1. 琼脂糖与琼脂有什么不同？本次实验为何选琼脂糖作为电泳介质？
2. 上样缓冲液由哪些成分组成？各有何作用？
3. 常用的DNA琼脂糖凝胶电泳缓冲液有哪些？为何在这些电泳缓冲液中要加入EDTA？

（王　政　杜冠魁）

实验六　SDS-PAGE 测定蛋白质相对分子质量

一、实验目的

1. 了解 SDS-PAGE 电泳法的基本原理及操作。
2. 学习 SDS-PAGE 电泳法测定蛋白质相对分子质量的方法。

二、实验原理

生物大分子在混合样品中各组分在电泳中的迁移率主要取决于分子大小、形状以及其所带电荷量。十二烷基硫酸钠(SDS,阴离子表面活性剂)能打开蛋白质的氢键和疏水键,使蛋白质分子呈棒状,长度与相对分子质量大小正相关;SDS 能与蛋白质分子相结合(一般 SDS 与蛋白质结合比为 1.4∶1),蛋白质-SDS 复合物带上相同密度的负电荷,其带电荷量也与相对分子质量大小正相关。因此,蛋白质分子的电泳迁移率主要取决于其相对分子质量大小。

蛋白质相对分子质量在 15000～200000 时,电泳迁移率与相对分子质量的对数值线性相关。将已知相对分子质量的标准蛋白质的迁移率和相对分子质量的对数作图,获得标准曲线。在相同电泳条件下,测得未知蛋白质的迁移率即可用标准曲线计算其相对分子质量。

三、仪器和试剂

1. 仪器

垂直板电泳槽、直流稳压电源、微量注射器、移液器、水浴锅、染色槽、烧杯、试管、滴管。

2. 试剂

(1)分离胶缓冲液(1.5mol/L Tris-HCl,pH 8.8):称取 Tris 18.15g,加约 80ml 去离子水,用 1mol/L HCl 调 pH 至 8.8,去离子水定容至 100ml,4℃保存。

(2)浓缩胶缓冲液(0.5mol/L Tris-HCl 液,pH 6.8):称取 Tris 6g,加约 60ml 去离子水,用 1mol/L HCl 调 pH 至 6.8,去离子水定容至 100ml,4℃保存。

(3)30%丙烯酰胺贮液:称取丙烯酰胺(Acr)29.2g 及 *N*,*N*′-甲叉双丙烯酰胺(Bis)0.8g,重蒸水定容至 100ml,过滤后置棕色试剂瓶,于 4℃保存。

(4)10%浓缩胶贮液:称 Acr 10g 及 Bis 0.5g,溶于重蒸水中并定容至 100ml,过滤后置棕色试剂瓶,于 4℃保存。

(5)10% SDS 溶液:10g SDS 加重蒸水定容至 100ml,室温保存(低温下易析出结晶,用前微热,使其完全溶解)。

(6)1% TEMED(四甲基二乙胺)。

(7)10%过硫酸铵(AP):配制后分装,－20℃保存。

(8)电泳缓冲液(Tris-Gly 缓冲液,pH 8.3):称取 Tris 6.0g、甘氨酸 28.8g、SDS 1.0g,用去离子水溶解后定容至 1L。

(9)染色液:0.25g 考马斯亮蓝 G-250,加入 454ml 50%甲醇溶液和 46ml 冰乙酸即可。

(10)脱色液:75ml 冰乙酸、875ml 重蒸水与 50ml 甲醇混匀。

四、实验步骤

1. 安装夹心式垂直板电泳槽

不同公司的夹心式垂直板电泳槽有些许差异,原理相似。将方形及凹形玻璃板对齐并夹紧。用制胶器密封底部,不可漏液。

2. 制备凝胶板

根据待测蛋白质相对分子质量范围,选择适宜的分离胶和浓缩胶浓度。

(1)制备分离胶:按表 3-7 配制 12%分离胶。由于 AP 和 TEMED 相遇后凝胶即开始聚合,因此应立即混匀混合液。混匀后用滴管抽取 3.2～3.5ml 凝胶液,加至玻璃板间的缝隙内。再用滴管取少许蒸馏水,沿长玻璃板壁缓慢注入约 3～4mm 高,以进行水封。5～15min 后,凝胶与水封层间出现明显界线,则表示凝胶完全聚合。倒去水封层,用滤纸条吸干水分。

表 3-7　分离胶与浓缩胶配制表

试　剂	12%分离胶	3%浓缩胶
去离子水/ml	3.35	3.12
分离胶缓冲液/ml	2.5	
浓缩胶缓冲液/ml		1.25
10% SDS/ml	0.1	0.05
30%丙烯酰胺贮液/ml	4.0	0.6
10% AP/μl	50	25
1% TEMED/μl	5	5

(2)制备浓缩胶:按表 3-7 配制 3%浓缩胶(待分离胶聚合后再加 AP/TEMED),混匀后立即用滴管加到分离胶上,至距离短玻璃板上缘约 0.1cm 处。将梳子插入浓缩胶内,避免带入气泡。约 15min 后凝胶聚合。

凝胶凝固后,小心拔去样品槽模板。将电泳缓冲液倒入贮槽中,应没过短板约 0.5cm 以上,使正、负极成功桥接。

3. 样品处理及加样

蛋白质样品溶解至浓度为 0.5mg/ml,沸水浴加热 3min,冷却至室温备用。样品与上样缓冲液混匀。加样体积为 10～15μl。用微量注射器将样品加到凝胶凹形样品槽底部。

4. 电泳

打开直流稳压电泳仪开关,将电流调至 10～20mA(稳流)开始电泳。待蓝色染料(溴酚蓝)迁移至距凝胶底部约 1cm 时关闭电源。

5. 染色及脱色

取出玻璃板,用取胶板轻轻将短玻璃板撬开移去,在胶板一端切除一角作为标记,将胶板移至大培养皿中染色。

将染色液倒入培养皿中,染色 1h 左右,用蒸馏水漂洗数次,再用脱色液脱色,直到蛋白区带清晰。

6. 相对分子质量计算

用直尺分别量取各蛋白质条带中心以及溴酚蓝条带中心距分离胶顶端的距离，按下式计算：

$$相对迁移率=\frac{样品迁移距离}{染料迁移距离}$$

以标准蛋白质相对分子质量的对数对相对迁移率作图，得到标准曲线，根据待测样品相对迁移率，从标准曲线上查出其相对分子质量。

五、注意事项

此法不适用于所有蛋白质相对分子质量的测定，如电荷异常或构象异常的蛋白质、带有较大辅基的蛋白质以及一些结构蛋白（如胶原蛋白）等。例如组蛋白本身带有大量正电荷，结合 SDS 后无法掩盖其原有正电荷的影响。许多蛋白质由多个亚基组成，在 SDS 和巯基乙醇的作用下解离成亚基，对于这一类蛋白质，本法测定的只能是其亚基或单条肽链的相对分子质量。

六、临床意义

SDS-PAGE 因易于操作，而具有广泛的用途，是许多研究领域的重要的分析技术。其应用范围包括：①蛋白质纯度分析；②蛋白质相对分子质量的测定，根据迁移率大小测定蛋白质亚基的相对分子质量；③蛋白质浓度的测定；④蛋白质水解的分析；⑤免疫沉淀蛋白的鉴定；⑥免疫印迹的第一步；⑦蛋白质修饰的鉴定；⑧分离和浓缩用于产生抗体的抗原；⑨分离放射性标记的蛋白质；⑩显示小分子多肽。

七、思考题

1. 本法各试剂的作用是什么？
2. 影响实验结果的因素有哪些？试根据实验结果进行分析。

（王　政　杜冠魁）

第四章　色谱技术

色谱法(chromatography),又称为层析法或色谱分析。它是一种利用混合物中诸组分在两相间的分配差异以获得分离的方法,在分析化学、有机化学、生物化学等领域有着非常广泛的应用。

色谱法起源于 20 世纪初。1906 年,俄国植物学家茨维特(M. Tswett)首先用色谱法分离了植物色素,然后相继出现了薄层层析、亲和层析、凝胶层析、气相层析、高压液相层析(HPLC)等。

色谱法实质上是一种物理化学分离方法,它利用混合物中各组分物理化学性质的差异(如吸附力、分子形状及大小、分子亲和力、分配系数等),使各组分在两相(一相为固定的,称为固定相;另一相流过固定相,称为流动相)中的分布程度不同,从而使各组分以不同的速度移动而达到分离的目的。固定相是层析的一个基质。它可以是固体物质(如吸附剂、凝胶、离子交换剂等),也可以是液体物质(如固定在硅胶或纤维素上的溶液),这些基质能与待分离的化合物进行可逆地吸附、溶解、交换等作用。流动相是指在层析过程中,推动固定相上待分离的物质朝着一个方向移动的液体、气体等。

层析法有许多类型,从不同角度可以有各种不同的分类方法。

一、按两相的物态分类

用气体作流动相称为气相色谱(gas chromatography,简称 GC)。用液体作流动相称为液相色谱(liquid chromatography,简称 LC)。

由于固定相也可分为液体和固体,因此还可按固定相的不同来分类(表 4-1)。

表 4-1　色谱法分类(按两相的物态分类)

流动相	总　称	固定相	色谱名称
气　体	气相色谱	固体	气固色谱(GSC)
		液体	气液色谱(GLC)
液　体	液相色谱	固体	液固色谱(LGC)
		液体	液液色谱(LLC)

二、按操作形式分类

1. 柱层析(column chromatography,简称 CC)

固定相装在柱管内,以液体作流动相,流动相带着样品在柱内由上往下移动而使混合组分分离。

2. 纸层析(paper chromatography,简称 PC)

用滤纸作固定相,点样后,用流动相展开,以达到分离和鉴定的目的。

3. 薄层层析(thin layer chromatography,简称 TLC)

将固定相研成粉末,铺成薄层,以与纸层析类似的方法进行物质的分离和鉴定。

纸层析和薄层层析主要适用于小分子物质的快速检测分析和少量分离制备,通常为一次性使用,而柱层析是常用的层析形式,适用于样品分析、分离。生物化学中常用的凝胶层析、离子交换层析、亲和层析、高效液相色谱等都通常采用柱层析形式。

三、按分离过程的机理分类

1. 吸附层析(absorption chromatography)

利用吸附剂表面对样品各组分吸附能力的强弱不同来进行分离。常用的吸附剂有氧化铝、硅胶、聚酰胺等有吸附活性的物质。

2. 分配层析(partition chromatography)

利用样品各组分在固定相和流动相间分配系数的不同来进行分离。常用的固定相有硅胶、硅藻土、硅镁型吸附剂与纤维素粉等。

3. 离子交换层析(ion-exchange chromatography)

利用样品各组分对离子交换剂亲和力的差异来进行分离。常用的固定相有不同强度的阳、阴离子交换树脂,流动相一般为水或含有有机溶剂的缓冲液。

4. 凝胶层析(gel chromatography)

利用样品各组分相对分子质量大小的不同和在填料上渗透程度的不同来进行分离。常用的填料有分子筛、葡聚糖凝胶、微孔聚合物、微孔硅胶或玻璃珠等,可根据载体和试样的性质,选用水或有机溶剂为流动相。

5. 亲和层析(affinity chromatography)

利用固定相和样品某一特定组分所具有专一性的亲和力而进行分离。

第一节　凝胶层析

凝胶层析是指样品随流动相通过装有作为固定相的凝胶颗粒的层析柱时,根据它们分子大小不同而进行分离的技术。凝胶颗粒内部具有多孔网络结构,不带电荷,可起过滤或“筛”的作用,故又称为凝胶过滤或分子筛层析(gel chromatography)。它是 20 世纪 60 年代初发展起来的一种快速而又简单的分离分析技术,由于设备简单,操作方便,不需要有机溶剂,对高分子物质有很高的分离效果。其主要用于高聚物的相对分子质量分级分析以及相对分子质量分布测试,目前已经被生物化学、分子生物学、生物工程学、分子免疫学以及医学等有关领域广泛采用，不但应用于科学实验研究，而且已经大规模地用于工业生产。

一、凝胶层析的原理

在实际操作中，把合适孔径的凝胶颗粒装填在层析柱内（玻璃或塑料制品），再把待分离的混合物自柱顶加入，然后用合适的洗脱液进行洗脱。在洗脱过程中，混合物中各物质主要依据分子的大小进行层析分配。相对分子质量大的物质，因分子的直径较大，不能进入凝胶颗粒的网孔内，而被排阻在凝胶颗粒外部，即只分布在凝胶颗粒的间隙中，沿着这些间隙流动，这样，它们流速较快，在洗脱液的"冲洗"下，先洗出柱外。那些相对分子质量小的物质，因分子的直径较小，能够进入凝胶颗粒的网孔，也即被滞留在凝胶颗粒内部。在洗脱过程中，这些较小分子的洗脱行为是先在孔隙中间扩散，然后进入凝胶颗粒内部，再被洗出至孔隙，再进入颗粒内部，如此不断地入出和出入，直至这些物质被洗出柱外，由于洗脱的"路径"较长，因而它们被后洗脱出来。总之，在洗脱液的洗脱下，混合物中相对分子质量最大的物质最先出柱；相对分子质量最小的物质最后出柱；介乎中间的物质，则相对分子质量愈大洗出愈快，相对分子质量愈小洗出愈慢。这样，不同的物质就被分离。通过调整固定相使用的凝胶的交联度可以调整凝胶孔隙的大小；改变流动相的溶剂组成会改变固定相凝胶的溶胀状态，进而改变孔隙的大小，获得不同的分离效果。葡聚糖凝胶层析过程见图 4-1。

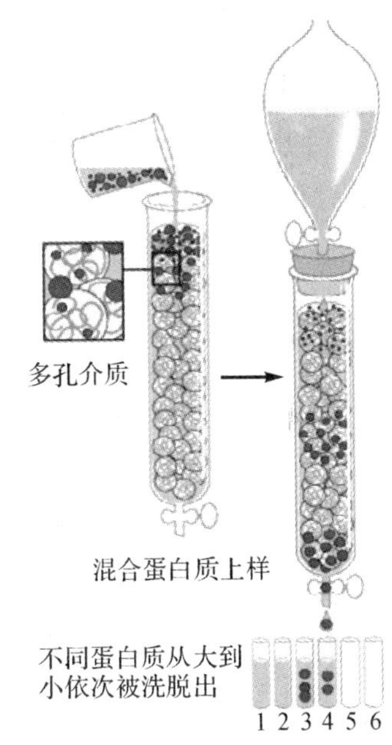

图 4-1　凝胶层析示意图

二、凝胶的种类

较常见的有琼脂糖凝胶、交联葡聚糖凝胶、聚苯乙烯凝胶、琼脂糖凝胶。下表为交联葡聚糖凝胶(G)类的技术数据。

表 4-2　葡聚糖凝胶(G)类

型　号	分离范围(相对分子质量)		吸水量/(g/g 干凝胶)	膨胀体积/(ml/g 干凝胶)	浸泡时间/h	
	蛋白质	多　糖			20～25℃	90～100℃
G-10	<700	<700	1.0±0.1	2～3	3	1
G-15	<1500	<1500	1.5±0.2	2.5～3.5	3	1
G-25	1000～5000	100～5000	2.5±0.2	4～6	3	1
G-50	1500～30000	500～10000	5.0±0.3	9～11	3	1
G-75	3000～70000	1000～50000	7.5±0.5	12～15	24	3
G-100	4000～150000	1000～100000	10±1.0	15～20	72	5
G-150	5000～400000	1000～150000	15±1.5	20～30	72	5
G-200	5000～800000	1000～200000	20±2.0	30～40	72	5

交联葡聚糖的商品名为Sephadex，不同规格型号的葡聚糖用英文字母G表示，G后面的阿拉伯数为凝胶吸水值的10倍。例如，G-25为1g干凝胶膨胀时吸水2.5g，同样G-200为1g干凝胶吸水20g。交联葡聚糖凝胶的种类有G-10、G-15、G-25、G-50、G-75、G-100、G-150和G-200。因此，“G”反映凝胶的交联程度、膨胀程度及分部范围。交联度越高，凝胶孔径越小。

三、操作及注意事项

（一）层析柱

层析柱是凝胶层析技术中的主体，一般用玻璃管或有机玻璃管。层析柱的直径大小不影响分离度，样品用量大，可加大柱的直径。根据经验，柱的高度与直径之比为5：1～10：1，凝胶床体积为样品溶液体积的4～10倍；分级分离时柱高与直径之比为20：1～100：1。其直径在1～5cm，小于1cm产生管壁效应，大于5cm则稀释现象严重。

（二）凝胶的选择

选择适宜的凝胶是取得良好分离效果的最根本的保证。选取何种凝胶及其型号、粒度，一方面要考虑凝胶的性质，包括凝胶的分离范围（渗入限与排阻限），还有它的理化稳定性、强度、非特异吸附性质等；另一方面还要注意分离目的和样品的性质。凝胶粒度的大小对分离效果有直接的影响。一般来说，细粒凝胶柱流速低，但洗脱峰窄，分辨率高，多用于精制分离或分析等。粗粒凝胶柱流速高，但洗脱峰平坦，分辨率低，多用于粗制分离、脱盐等。下图表示在同一流速下不同粒度的Sephadex G-25柱的洗脱效果。

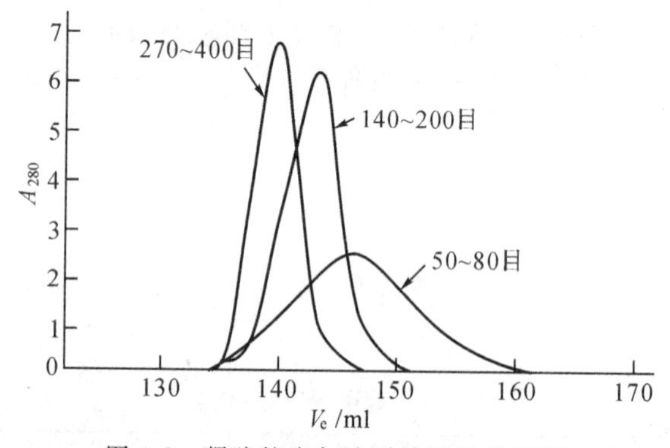

图4-2　凝胶粒度与洗脱效果的关系图

根据实验目的不同选择不同型号的凝胶。如果实验目的是将样品中的大分子物质和小分子物质分开，由于它们在分配系数上有显著差异，这种分离又称组别分离，一般可选用Sephadex G-25和G-50，对于小肽和低相对分子质量（1000～5000）的物质的脱盐可使用Sephadex G-10、G-15及Bio-Gel-p-2或4。如果实验目的是将样品中一些相对分子质量比较近似的物质进行分离，这种分离又叫分级分离。

（三）凝胶柱的制备

1. 溶胀

凝胶型号选定后，将干胶颗粒悬浮于5～10倍量的蒸馏水或洗脱液中充分溶胀，溶胀之后将极细的小颗粒倾泻出去。自然溶胀费时较长，加热可使溶胀加速，即在沸水浴中将湿凝胶浆逐渐升温至近沸，1～2h即可达到凝胶的充分胀溶。加热法既可节省时间又可消毒。

2. 凝胶的装填

将层析柱与地面垂直固定在架子上，下端流出口用夹子夹紧，柱顶可安装一个带有搅拌装置的较大容器，柱内充满洗脱液，将凝胶调成较稀薄的浆头液盛于柱顶的容器中，然后在微微地搅拌下使凝胶下沉于柱内，这样凝胶粒水平上升，直到所需高度为止。拆除柱顶装置，用相应的滤纸片轻轻盖在凝胶床表面。稍放置一段时间，再开始流动平衡，流速应低于层析时所需的流速。在平衡过程中逐渐增加到层析的流速，千万不能超过最终流速。平衡凝胶床过夜，使用前要检查层析床是否均匀，有无“纹路”或气泡，或加一些有色物质如蓝色G-2000 配成 2mg/ml 的溶液过柱，观察色带是否均匀下降，如带狭窄、均匀平整说明层析柱的性能良好，色带出现歪曲、散乱、变宽时必须重新装柱。

（四）加样

凝胶床经过平衡后，在床顶部留下数毫升洗脱液使凝胶床饱和，再用滴管加入样品。分析用量一般为每 100ml 床体积加样品 1～2ml，制备用量一般为每 100ml 床体积加样品 20～30ml，这样可使样品的洗脱体积小于样品各组分之间的分离体积，获得较满意的分离效果。样品上柱是凝胶层析中最关键的一步。理想的样品色带应是狭窄且平直的巨型色谱带。为了做到这一点，应尽量减少加样时样品的稀释以及样品非平流流经凝胶层析床体。反之将造成色谱带扩散、紊乱，严重影响分离效果。

一般样品体积不大于凝胶总床体积的 5%～10%。样品浓度与分配系数无关，故样品浓度可以提高，但对于相对分子质量较大的物质，溶液的黏度将随浓度增加而增大，使分子运动受限，故样品与洗脱液的相对黏度不得超过 1.5～2。

（五）洗脱

加入样品后打开流出口，使样品渗入凝胶床内。当样品液面恰与凝胶床表面相平时，再加入数毫升洗脱液洗管壁，使其全部进入凝胶床后，将层析床与洗脱液贮瓶及收集器相连，预先设计好流速，然后分部收集洗脱液，并对每一馏分做定性、定量测定。洗脱剂的流速对分离效果也有很大影响，图 4-3 显示了同一凝胶柱在不同流速下的洗脱曲线，可见较快的流速下得到的洗脱峰也宽，流速低，洗脱峰窄而高。也就是说，流速较低，分辨率较高。

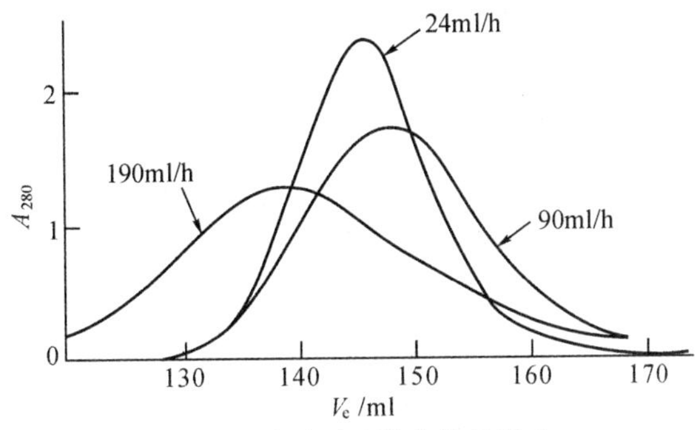

图 4-3 流速对洗脱曲线的影响

（六）凝胶柱的重复使用、凝胶回收与保存

在洗脱过程中，所有组分一般都可被洗脱下来，因此装好柱后，可反复使用，无需特殊的再生处理。但多次使用后，凝胶颗粒可能逐渐沉积压紧，流速变慢。这时只需将凝胶自柱内倒出，重新填装。或使用反冲法，使凝胶松散冲起，然后自然沉降，形成新的柱床。葡萄糖凝胶和琼脂糖凝胶都是碳水化合物,能被微生物(如细菌和霉菌)分解。聚丙烯酰胺凝胶本身不被微生物破坏,但微生物还是能在此凝胶液中和凝胶床上生长,这样会破坏凝胶的特性,影响分离效果。为防止细菌生长和发酵,可用0.02%叠氮化钠、0.05%三氯叔丁醇(仅在弱酸中有效,也适用于其他离子交换剂)或0.002%氯已定、0.01%醋酸苯汞(在弱碱中有效,也适用于其他阴离子交换剂)以及0.1mol/L氢氧化钠溶液等作防腐剂。层析前再用水或平衡液将防腐剂洗去。

如果不再使用可将其回收,一般方法是将凝胶用水冲洗干净,滤干,依次用70%、90%、95%乙醇脱水平衡至乙醇浓度达90%以上,滤干,再用乙醚洗去乙醇,滤干,干燥保存。湿态保存方法是在凝胶浆中加入抑菌剂或水冲洗到中性,密封后高压灭菌保存。

四、凝胶层析的应用

(一) 脱盐

高分子(如蛋白质、核酸、多糖等)溶液中的低相对分子质量杂质,可以用凝胶层析法除去,这一操作称为脱盐。本法操作简便、快速,蛋白质和酶类等在脱盐过程中不易变性。适用的凝胶为Sephadex G-10、15、25或Bio-Gel-p-2、4、6。柱长与直径之比为5～15,样品体积可达柱床体积的25%～30%。为了防止蛋白质脱盐后溶解度降低会形成沉淀吸附于柱上,一般用醋酸铵等挥发性盐类缓冲液使层析柱平衡,然后加入样品,再用同样的缓冲液洗脱,收集的洗脱液用冷冻干燥法除去挥发性盐类。

(二) 分离提纯

凝胶层析法已广泛用于酶、蛋白质、氨基酸、多糖、激素、生物碱等物质的分离提纯。凝胶对热原有较强的吸附力,可用来去除去离子水中的致热原,制备注射用水。

(三) 测定高分子物质的相对分子质量

将一系列已知相对分子质量的标准品放入同一凝胶柱内,在同一条件下层析,记录每1min内成分的洗脱体积,并以洗脱体积对相对分子质量的对数作图,在一定相对分子质量范围内可得一直线,即相对分子质量的标准曲线。测定未知物质的相对分子质量时,可将此样品加在测定了标准曲线的凝胶柱内洗脱后,根据物质的洗脱体积,在标准曲线上查出它的相对分子质量。

(四) 高分子溶液的浓缩

通常将Sephadex G-25或50干胶投入稀的高分子溶液中,这时水分和低相对分子质量的物质就会进入凝胶粒子内部的孔隙中,而高分子物质则排阻在凝胶颗粒之外,再经离心或过滤,将溶胀的凝胶分离出去,就得到了浓缩的高分子溶液。

第二节　离子交换层析

离子交换层析(ion exchange chromatography,简称IEC)是以离子交换剂为固定相,依据流动相中的组分离子与交换剂上的平衡离子进行可逆交换时的结合力大小的差别而进行分离的一种层析方法。1848年,Thompson等人在研究土壤碱性物质交换过程中发现离子交换现象。20 世纪 40 年代，出现了具有稳定交换特性的聚苯乙烯离子交换树脂。50 年代，离子交换层析进入生物化学领域，应用于氨基酸的分析。目前离子交换层析仍是生物化学领域中常用的一种层析方法，广泛地应用于各种生化物质，如氨基酸、蛋白、糖类、核苷酸等的分离纯化。

一、离子交换层析的原理

离子交换层析是依据各种离子或离子化合物与离子交换剂的结合力不同而进行分离纯化的一种技术。其固定相是离子交换剂，它是由一类不溶于水的惰性高分子聚合物基质通过一定的化学反应共价结合上某种电荷基团形成的。离子交换剂可以分为三部分：高分子聚合物基质、电荷基团和平衡离子。电荷基团与高分子聚合物共价结合，形成一个带电的可进行离子交换的基团。平衡离子是结合于电荷基团上的电荷相反的离子，它能与溶液中其他的离子基团发生可逆的交换反应。平衡离子带正电的离子交换剂能与带正电的离子基团发生交换作用，称为阳离子交换剂；平衡离子带负电的离子交换剂与带负电的离子基团发生交换作用，称为阴离子交换剂。

$$R-X^- - Y^+ + A^+ \longrightarrow R-X^- - A^+ + Y^+$$

$$R-X^+ - Y^- + A^- \longrightarrow R-X^+ - A^- + Y^-$$

其中，R 代表离子交换剂的高分子聚合物基质，X^- 和 X^+ 分别代表阳离子交换剂和阴离子交换剂中与高分子聚合物共价结合的电荷基团，Y^+ 和 Y^- 分别代表阳离子交换剂和阴离子交换剂的平衡离子，A^+ 和 A^- 分别代表溶液中的离子基团。

从上面的反应式中可以看出，如果 A 离子与离子交换剂的结合力强于 Y 离子，或者提高 A 离子的浓度，或者通过改变其他一些条件，可以使 A 离子将 Y 离子从离子交换剂上置换出来。也就是说，在一定条件下，溶液中的某种离子基团可以把平衡离子置换出来，并通过电荷基团结合到固定相上，而平衡离子则进入流动相，这就是离子交换层析的基本置换反应。通过在不同条件下的多次置换反应，就可以对溶液中不同的离子基团进行分离。下面以阴离子交换剂为例简单介绍离子交换层析的基本分离过程。

阴离子交换剂的电荷基团带正电，装柱平衡后，与缓冲溶液中的带负电的平衡离子结合。待分离溶液中可能有正电基团、负电基团和中性基团。加样后，负电基团可以与平衡离子进行可逆的置换反应，而结合到离子交换剂上。而正电基团和中性基团则不能与离子交换剂结合，随流动相流出而被去除。通过选择合适的洗脱方式和洗脱液，如增加离子强度的梯度洗脱，随着洗脱液离子强度的增加，洗脱液中的离子可以逐步与结合在离子交换剂上的各种负电基团进行交换，而将各种负电基团置换出来，随洗脱液流出。与离子交换剂结合力小的负电基团先被置换出来，而与离子交换剂结合力强的需要较高的离子强度才能被置换出来，这样各种负电基团就会按其与离子交换剂结合力从小到大的顺序逐步被洗脱下来，从而达到分离目的。

各种离子与离子交换剂上的电荷基团的结合是由静电力产生的，是一个可逆的过程。结合的强度与很多因素有关，包括离子交换剂的性质、离子本身的性质、离子强度、pH、温度、溶剂组成等等。离子交换层析就是利用各种离子本身与离子交换剂结合力的差异，并通过改变离子强度、pH 等条件改变各种离子与离子交换剂的结合力而达到分离的目的。离子交换剂的电荷基团对不同的离子有不同的结合力。一般来讲，离子价数越高，结合力越大;价数相同时,原子序数越高,结合力越大。如阳离子交换剂对离子的结合力顺序为:$Li^+ < Na^+ < K^+ < Rb^+ < Cs^+$;$Na^+ < Ca^{2+} < Al^{3+} < Ti^{4+}$。蛋白质等生物大分子通常呈两性,它们与离子交换剂的结合与它们的性质及 pH 有较大关系。以用阳离子交换剂分离蛋白质为例,在一定的 pH 条件下,等电点 pI<pH 的蛋白带正电,能与阳离子交换剂结合,一般 pI 越大的蛋白与阳离子交换剂结合力越强。但由于生物样品的复杂性以及其他因素影响,一般生物大分子与离子交换剂的结合情况较难估计,往往要通过实验进行摸索。

二、离子交换剂的种类和性质

(一)离子交换剂的基质

离子交换剂的高分子聚合物基质可以由多种材料制成。聚苯乙烯离子交换剂(又称为聚苯乙烯树脂)是以苯乙烯和二乙烯苯合成的具有多孔网状结构的聚苯乙烯为基质。聚苯乙烯离子交换剂机械强度大,流速快。但它与水的亲和力较小,具有较强的疏水性,容易引起蛋白的变性。故一般常用于分离小分子物质,如无机离子、氨基酸、核苷酸等。以纤维素(cellulose)、球状纤维素(sephacel)、葡聚糖(sephadex)、琼脂糖(sepharose)为基质的离子交换剂都与水有较强的亲和力,适合于分离蛋白质等大分子物质,葡聚糖离子交换剂一般以 Sephadex G-25 和 G-50 为基质,琼脂糖离子交换剂一般以 Sepharose CL-6B 为基质。

(二)离子交换剂的电荷基团

根据与基质共价结合的电荷基团的性质不同,可以将离子交换剂分为阳离子交换剂和阴离子交换剂。

阳离子交换剂的电荷基团带负电,可以交换阳离子物质。根据电荷基团的解离度不同,又可以分为强酸型、中等酸型和弱酸型三类。它们的区别在于电荷基团完全解离的 pH 范围不同:强酸型离子交换剂在较大的 pH 范围内电荷基团完全解离;而弱酸型完全解离的 pH 范围则较小,如羧甲基在 pH<6 时就失去了交换能力。一般结合磺酸基团($—SO_3H$),如磺酸甲基(SM)、磺酸乙基(SE)等为强酸型离子交换剂;结合磷酸基团($—PO_3H_2$)和亚磷酸基团($—PO_2H$)为中等酸型离子交换剂;结合酚羟基(—OH)或羧基(—COOH),如羧甲基(CM)为弱酸型离子交换剂。一般来讲,强酸型离子交换剂对 H^+ 的结合力比 Na^+ 小;弱酸型离子交换剂对 H^+ 的结合力比 Na^+ 大。

阴离子交换剂的电荷基团带正电,可以交换阴离子物质。同样的,根据电荷基团的解离度不同,可以分为强碱型、中等碱型和弱碱型三类。一般结合季胺基团[$—N(CH_3)_3$],如季胺乙基(QAE)为强碱型离子交换剂;结合叔胺[$—N(CH_3)_2$]、仲胺($—NHCH_3$)、伯胺($—NH_2$)等为中等或弱碱型离子交换剂;如结合二乙基氨基乙基(DEAE)为弱碱型离子交换剂。一般来讲,强碱型离子交换剂对 OH^- 的结合力比 Cl^- 小;弱酸型离子交换剂对 OH^- 的结合力比 Cl^- 大。

(三)交换容量

交换容量是指离子交换剂能提供交换离子的量,它反映离子交换剂与溶液中离子进行交换的能力。通常所说的离子交换剂的交换容量是指离子交换剂所能提供交换离子的总量,又称为总交换容量,它只和离子交换剂本身的性质有关。在实际实验中关心的是层析柱与样品中各个待分离组分进行交换时的交换容量,它不仅与所用的离子交换剂有关,还与实验条件有很大的关系，一般又称为有效交换容量。后面提到的交换容量如未经说明都是指有效交换容量。

影响交换容量的因素很多，主要可以分为两个方面：一方面是离子交换剂颗粒大小、颗粒内孔隙大小以及所分离的样品组分的大小等的影响。这些因素主要影响离子交换剂中能与样品组分进行作用的有效表面积。样品组分与离子交换剂作用的表面积越大，交换容量越高。一般离子交换剂的孔隙应能够让样品组分进入，这样样品组分与离子交换剂的作用面积大。分离小分子样品，可以选择较小孔隙的交换剂，因为小分子可以自由地进入孔隙，而小孔隙离子交换剂的表面积大于大孔隙的离子交换剂。对于较大分子样品，可以选择小颗粒交换剂，因为对于很大的分子，一般不能进入孔隙内部，交换只限于颗粒表面，而小颗粒的离子交换剂表面积大。

另一些影响因素，如实验中的离子强度、pH 值等主要影响样品中组分和离子交换剂的带电性质。一般而言，pH 对弱酸型和弱碱型离子交换剂影响较大，如弱酸型离子交换剂在 pH 较高时，电荷基团充分解离，交换容量大，而在较低的 pH 时，电荷基团不易解离，交换容量小。同时，pH 也影响样品组分的带电性。尤其是对于蛋白质等两性物质，在离子交换层析中要选择合适的 pH 以使样品组分能充分地与离子交换剂交换、结合。一般来说，离子强度增大，交换容量下降。实验中增大离子强度进行洗脱，就是要降低交换容量，以将结合在离子交换剂上的样品组分洗脱下来。

离子交换剂的总交换容量通常以每毫克或每毫升交换剂含有可解离基团的毫克当量数(单位为 meq/mg 或 meq/ml)来表示。通常可以由滴定法测定。阳离子交换剂首先用 HCl 处理，使其平衡离子为 H^+，再用水洗至中性。对于强酸型离子交换剂，用 NaCl 充分置换出 H^+，再用标准浓度的 NaOH 滴定生成的 HCl，就可以计算出离子交换剂的交换容量；对于弱酸型离子交换剂，用一定量的碱将 H^+ 充分置换出来，再用酸滴定，计算出离子交换剂消耗的碱量，就可以算出交换容量。阴离子交换剂的交换容量也可以用类似的方法测定。

对于一些常用于蛋白质分离的离子交换剂也通常用每毫克或每毫升交换剂能够吸附某种蛋白质的量来表示，一般这种表示方法对于分离蛋白质等生物大分子具有更大的参考价值。实验前可以参阅相应的产品介绍了解各种离子交换剂的交换容量。

三、离子交换剂的选择、处理和保存

（一）离子交换剂的选择

离子交换剂的种类很多。离子交换层析要取得较好的效果，需要选择合适的离子交换剂。

首先是对离子交换剂电荷基团的选择，确定是选择阳离子交换剂还是选择阴离子交换剂。这要取决于被分离的物质在其稳定的 pH 下所带的电荷，如果带正电，则选择阳离子交换剂；如带负电，则选择阴离子交换剂。例如待分离的蛋白等电点为 4，稳定的 pH 范围为 6～9，由于这时蛋白带负电，故应选择阴离子交换剂进行分离。强酸型或强碱型离子交换剂适用的 pH 范围广，常用于分离一些小分子物质或在极端 pH 下的分离。由于弱酸型或弱碱型离子交换剂不易使蛋白质失活，故一般分离蛋白质等大分子物质常用弱酸型或弱碱型离子交换剂。

其次是对离子交换剂基质的选择。前面已经介绍了，聚苯乙烯离子交换剂等疏水性较强的离子交换剂一般常用于分离小分子物质，如无机离子、氨基酸、核苷酸等。而纤维素、葡聚糖、琼脂糖等离子交换剂亲水性较强，适合于分离蛋白质等大分子物质。一般纤维素离子交换剂价格较低，但分辨率和稳定性都较差，适于初步分离和大量制备。葡聚糖离子交换剂的分辨率和价格适中，但受外界影响较大，体积可能随离子强度和 pH 变化有较大改变，影响分辨率。琼脂糖离子交换剂机械稳定性较好，分辨率也较高，但价格较贵。

另外，离子交换剂颗粒大小也会影响分离的效果。离子交换剂颗粒一般呈球形，颗粒的大小通常以目数或者颗粒直径来表示，目数越大表示直径越小。前面在介绍交换容量时提到了一些关于交换剂颗粒大小、孔隙的选择。此外，离子交换层析柱的分辨率和流速也都与所用的离子交换剂颗粒大小有关。一般来说，颗粒小，分辨率高，但平衡离子的平衡时间长，流速慢；颗粒大则相反。因此，大颗粒的离子交换剂适合于对分辨率要求不高的大规模制备性分离，而小颗粒的离子交换剂适于需要高分辨率的分析或分离。

这里要特别提到的是，离子交换纤维素目前种类很多，其中以 DEAE-纤维素（二乙基氨基纤维素）和 CM-纤维素（羧甲基纤维素）最常用，它们在生物大分子物质（蛋白质、酶、核酸等）的分离方面显示很大的优越性。一是它具有开放性长链和松散的网状结构，有较大的表面积，大分子可自由通过，使它的实际交换容量要比离子交换树脂大得多；二是它具有亲水性，对蛋白质等生物大分子物质吸附得不太牢，用较温和的洗脱条件就可达到分离的目的，因此不致引起生物大分子物质的变性和失活。三是它的回收率高。因此，离子交换纤维素已成为非常重要的一类离子交换剂。

（二）离子交换剂的处理和保存

离子交换剂使用前一般要进行处理。干粉状的离子交换剂首先要进行膨化，将干粉在水中充分溶胀，以使离子交换剂颗粒的孔隙增大，具有交换活性的电荷基团充分暴露出来。而后用水悬浮去除杂质和细小颗粒。再用酸碱分别浸泡，每一种试剂处理后要用水洗至中性，再用另一种试剂处理，最后再用水洗至中性，这是为了进一步去除杂质，并使离子交换剂带上需要的平衡离子。市售的离子交换剂中通常阳离子交换剂为 Na 型（即平衡离子是 Na^+），阴离子交换剂为 Cl 型，因为这样比较稳定。处理时，一般阳离子交换剂最后用碱处理，阴离子交换剂最后用酸处理。常用的酸是 HCl，碱是 NaOH 或再加一定的 NaCl，这样处理后阳离子交换剂为 Na 型，阴离子交换剂为 Cl 型。使用的酸碱浓度一般小于 0.5mol/L，浸泡时间一般为 30min。处理时应注意酸碱浓度不宜过高，处理时间不宜过长，温度不宜过高，以免离子交换剂被破坏。另外要注意的是离子交换剂使用前要排除气泡，否则会影响分离效果。

离子交换剂的再生是指对使用过的离子交换剂进行处理，使其恢复原来性状的过程。前面介绍的酸碱交替浸泡的处理方法就可以使离子交换剂再生。离子交换剂的转型是指离子交换剂由一种平衡离子转为另一种平衡离子的过程。如对阴离子交换剂用 HCl 处理可将其转为 Cl 型，用 NaOH 处理可转为 OH 型，用甲酸钠处理可转为甲酸型等等。对离子交换剂的处理、再生和转型的目的是一致的，都是为了使离子交换剂带上所需的平衡离子。

前面已经介绍了，离子交换层析就是通过离子交换剂上的平衡离子与样品中的组分离子进行可逆地交换而实现分离的目的，因此在离子交换层析前要注意使离子交换剂带上合适的平衡离子，使平衡离子能与样品中的组分离子进行有效地交换。如果平衡离子与离子交换剂结合力过强，会造成组分离子难以与交换剂结合而使交换容量降低。另外还要保证平衡离子不对样品组分有明显影响，因为在分离过程中，平衡离子被置换到流动相中，它不能对样品组分有污染或破坏。如在制备过程中用到的离子交换剂的平衡离子是 H^+ 或 OH^-，因为其他离子都会对纯水有污染。但是在分离蛋白质时，一般不能使用 H 或 OH 型离子交换剂，因为分离过程中 H^+ 或 OH^- 被置换出来都会改变层析柱内 pH 值，影响分离效果，甚至引起蛋白质的变性。

离子交换剂保存时应首先洗净蛋白等杂质，并加入适当的防腐剂，一般加入 0.02%的叠氮钠，4℃下保存。

四、离子交换层析注意问题

离子交换层析的基本装置及操作步骤与前面介绍的柱层析类似，这里就不再重复了。下面主要介绍离子交换层析操作中应注意的一些具体问题。

（一）层析柱

离子交换层析要根据分离的样品量选择合适的层析柱。离子交换用的层析柱一般粗而短，不宜过长，直径和柱长比一般为 1∶50～1∶10。层析柱安装要垂直。装柱时要均匀平整，不能有气泡。

（二）平衡缓冲液

离子交换层析的基本反应过程就是离子交换剂平衡离子与待分离物质、缓冲液中离子间的交换，因此在离子交换层析中平衡缓冲液和洗脱缓冲液的离子强度和 pH 的选择对于分离效果有很大的影响。

平衡缓冲液是指装柱后及上样后用于平衡离子交换柱的缓冲液。平衡缓冲液的离子强度和 pH 的选择原则是首先要保证各个待分离物质如蛋白质的稳定。其次是要使各个待分离物质与离子交换剂有适当的结合，并尽量使待分离样品和杂质与离子交换剂的结合有较大的差别。一般是使待分离样品与离子交换剂有较稳定的结合，而尽量使杂质不与离子交换剂结合或结合不稳定。在一些情况下（如污水处理），可以使杂质与离子交换剂牢固地结合，而样品与离子交换剂结合不稳定，也可以达到分离的目的。另外注意平衡缓冲液中不能有与离子交换剂结合力强的离子，否则会大大降低交换容量，影响分离效果。选择合适的平衡缓冲液，直接就可以去除大量的杂质，并使得后面的洗脱有很好的效果。如果平衡缓冲液选择不合适，可能会给后面的洗脱带来困难，无法得到好的分离效果。

（三）上样

离子交换层析上样时应注意样品液的离子强度和 pH 值，上样量也不宜过大，一般为柱床体积的 1%～5%为宜，以使样品能吸附在层析柱的上层，得到较好的分离效果。

（四）洗脱缓冲液

在离子交换层析中一般常用梯度洗脱，通常有改变离子强度和改变 pH 两种方式。改变离子强度通常是在洗脱过程中逐步增大离子强度，从而使与离子交换剂结合的各个组分被洗脱下来；而改变 pH 的洗脱，对于阳离子交换剂一般是 pH 从低到高洗脱，阴离子交换剂一般是 pH 从高到低。由于 pH 可能对蛋白的稳定性有较大的影响，故通常采用改变离子强度的梯度洗脱。梯度洗脱的装置前面已经介绍了，可以有线性梯度、凹形梯度、凸形梯度以及分级梯度等洗脱方式。一般线性梯度洗脱分离效果较好，故通常采用线性梯度进行洗脱。

洗脱液的选择首先也是要保证在整个洗脱液梯度范围内所有待分离组分都是稳定的。

其次是要使结合在离子交换剂上的所有待分离组分在洗脱液梯度范围内都能够被洗脱下来。另外可以使梯度范围尽量小一些，以提高分辨率。

（五）洗脱速度

洗脱液的流速也会影响离子交换层析的分离效果，洗脱速度通常要保持恒定。一般来说，洗脱速度慢的比快的分辨率要好，但洗脱速度过慢会造成分离时间长、样品扩散、谱峰变宽、分辨率降低等不利现象，因此要根据实际情况选择合适的洗脱速度。如果洗脱峰相对集中，在某个区域造成重叠，则应适当缩小梯度范围或降低洗脱速度来提高分辨率；如果分辨率较好，但洗脱峰过宽，则可适当提高洗脱速度。

（六）样品的浓缩、脱盐

离子交换层析得到的样品往往盐浓度较高，而且体积较大，样品浓度较低。因此，一般离子交换层析得到的样品要进行浓缩、脱盐处理。

五、离子交换层析的应用

离子交换层析的应用范围很广，主要有以下几个方面。

（一）水处理

离子交换层析是一种简单而有效的去除水中的杂质及各种离子的方法。聚苯乙烯树脂广泛应用于高纯水的制备、硬水软化以及污水处理等方面。纯水的制备可以用蒸馏的方法，但要消耗大量的能源，而且制备量小，速度慢，也得不到高纯度。用离子交换层析方法可以大量、快速制备高纯水。一般是将水依次通过 H 型强阳离子交换剂，去除各种阳离子及与阳离子交换剂吸附的杂质；然后通过 OH 型强阴离子交换剂，去除各种阴离子及与阴离子交换剂吸附的杂质，即可得到纯水；再通过弱阳离子和阴离子交换剂进一步纯化，就可以得到纯度较高的纯水。离子交换剂使用一段时间后可以通过再生处理重复使用。

（二）分离纯化小分子物质

离子交换层析也广泛地应用于无机离子、有机酸、核苷酸、氨基酸、抗生素等小分子物质的分离纯化。例如对氨基酸的分析，使用强酸性阳离子聚苯乙烯树脂，将氨基酸混合液在 pH 2～3上柱。这时氨基酸都结合在树脂上，再逐步提高洗脱液的离子强度和 pH，这样各种氨基酸将以不同的速度被洗脱下来，可以进行分离鉴定。目前已有全部自动的氨基酸分析仪。

（三）分离纯化生物大分子物质

离子交换层析是依据物质的带电性质的不同来进行分离纯化的，是分离纯化蛋白质等生物大分子的一种重要手段。由于生物样品中蛋白的复杂性，一般很难只经过一次离子交换层析就达到高纯度，往往要与其他分离方法配合使用。使用离子交换层析分离样品要充分利用其按带电性质来分离的特性，只要选择合适的条件，通过离子交换层析可以得到较满意的分离效果。

第三节　亲和层析

亲和层析（affinity chromatography）是利用生物分子间专一的亲和力而进行分离的一

种层析技术。人们很早就认识到蛋白质、酶等生物大分子物质能和某些相对应的分子专一而可逆地结合，利用这一特性，可以对生物分子的分离纯化，但由于技术上的限制，主要是没有合适的固定配体的方法，因此在实验中没有广泛地应用。直到20世纪60年代末，溴化氰活化多糖凝胶并偶联蛋白质技术的出现，解决了配体固定化的问题，使得亲和层析技术得到了快速的发展。亲和层析是分离纯化蛋白质、酶等生物大分子最为特异而有效的层析技术，分离过程简单、快速，具有很高的分辨率，在生物分离中有广泛的应用。同时它也可以用于某些生物大分子结构和功能的研究。

生物分子间存在很多特异性的相互作用，如抗原-抗体、酶-底物或抑制剂、激素-受体等等，它们之间都能够专一而可逆地结合，这种结合力就称为亲和力。亲和层析的分离原理简单地说就是通过将具有亲和力的两个分子中一个固定在不溶性基质上，利用分子间亲和力的特异性和可逆性，对另一个分子进行分离纯化。被固定在基质上的分子称为配体，配体和基质是共价结合的，构成亲和层析的固定相，称为亲和吸附剂。亲和层析时首先选择与待分离的生物大分子有亲和力的物质作为配体，例如分离酶可以选择其底物类似物或竞争性抑制剂为配体，分离抗体可以选择抗原作为配体等等。然后，将配体共价结合在适当的不溶性基质上，如常用的Sepharose-4B等。将制备的亲和吸附剂装柱平衡，当样品溶液通过亲和层析柱的时候，待分离的生物分子就与配体特异性地结合，从而留在固定相上；而其他杂质不能与配体结合，仍在流动相中，并随洗脱液流出，这样层析柱中就只有待分离的生物分子。通过适当的洗脱液将其从配体上洗脱下来，就得到了纯化的待分离物质。

第四节 高效液相色谱

液相色谱法开始时是用大直径的玻璃管柱在室温和常压下用液位差输送流动相，称为经典液相色谱法，此方法柱效低，时间长（常有几个小时）。高效液相色谱法（high performance liquid chromatography，简称HPLC）是在经典液相色谱法的基础上，于20世纪60年代后期引入了气相色谱理论而迅速发展起来的。它与经典液相色谱法的区别是填料颗粒小而均匀，小颗粒具有高柱效，但会引起高阻力，需用高压输送流动相，故又称高压液相色谱法，又因分析速度快而称为高速液相色谱法。

高效液相色谱仪由储液器、泵、进样器、色谱柱、检测器、记录仪等几部分组成。储液器中的流动相被高压泵打入系统，样品溶液经进样器进入流动相，被流动相载入色谱柱（固定相）内，由于样品溶液中的各组分在两相中具有不同的分配系数，在两相中做相对运动时，经过反复多次的吸附-解吸的分配过程，各组分在移动速度上产生较大的差别，被分离成单个组分依次从柱内流出，通过检测器时，样品浓度被转换成电信号传送到记录仪，数据以图谱形式打印出来。

（蔡 苗 王 政）

实验七 葡聚糖 G-25 凝胶过滤去盐

一、实验目的

了解用葡聚糖 G-25 凝胶过滤去盐的基本原理和操作方法。

二、实验原理

葡聚糖 G-25 凝胶是一种类似“分子筛”的分离剂。当欲分离的物质通过葡聚糖 G-25 凝胶时，相对分子质量大的物质(如蛋白质)沿凝胶颗粒间隙随溶剂流动，流程短，移动速度快而先流出色谱床，而相对分子质量小的物质(如盐)可渗入凝胶颗粒微孔中，流程长，移动速度慢，比相对分子质量大的物质迟流出色谱床，以达到分离目的。分别收集之，先收集的蛋白质用磺基水杨酸检测，产生白色沉淀，并进一步经浓缩进行醋酸纤维素薄膜电泳分离鉴定；后收集的盐，如硫酸铵可与纳氏试剂中的碘化汞钾作用生成棕黄色的碘化双汞铵。

三、仪器和试剂

1. 仪器

2.5cm×20cm 色谱柱、电泳仪、电泳槽、吸管、玻璃棒、玻璃板、试管和烧杯。

2. 试剂

(1)葡聚糖 G-25、醋酸纤维素薄膜、浓缩剂、0.9% NaCl 溶液、20%磺基水杨酸溶液、血清的半饱和硫酸铵沉淀物。

(2)0.075mol/L 巴比妥缓冲液(pH 8.6)：巴比妥钠 15.45g、巴比妥 2.76g 溶于蒸馏水，稀释至 1000ml。

(3)纳氏试剂贮存液：在 500ml 三角烧瓶中加入碘化钾 75g、碘 55g、蒸馏水 100ml、汞 75g，将瓶浸在冷水中用力振荡，直至棕红色的碘转变成带绿色的碘化钾汞溶液为止，将溶液全部倾入 1000ml 容量的量筒中(多余的汞弃去)，再用蒸馏水稀释至 1000ml 刻度处，贮备待用。

(4)纳氏试剂应用液：取纳氏试剂贮存液 150ml 及蒸馏水 150ml 放入 1000ml 三角烧瓶中，再加入 10% NaOH 溶液 700ml，摇匀后静置一天，取上层清液备用。

四、实验步骤

1. 凝胶的处理

商品凝胶是干燥的颗粒，使用前需在水中溶胀，溶胀必须彻底，否则会影响色谱的均一性。故在实验前先称取 5g 葡聚糖 G-25 于烧杯中，加入 5～10 倍水沸水浴1～2h，让其充分溶胀或自然溶胀 24h 以上，经这样处理的凝胶才能准备装柱。

2. 装柱

用 0.9% NaCl 溶液将凝胶调成稀薄的浆状液，盛于烧杯中，然后在轻微的搅拌下使凝胶缓慢地沉降于 2.5cm×20cm 的柱内，松开流出口夹子，让其自然沉降，凝胶加至柱床体积约占柱长的 2/3 为止，盖上一小圆形滤纸，以防加样时冲散凝胶表面，夹住流出口的橡皮管。

3. 加样、洗脱

用 1ml 0.9% NaCl 溶解样品，待柱床顶部的 0.9% NaCl 溶液（洗脱液）尚残留少许时，将溶解的样品缓慢加入，松开流出口夹子，当样品全部进入柱后，可先加入少量洗脱液冲洗粘附在柱壁上的样品，再加洗脱液洗脱，用 20%磺基水杨酸检测流出液中有无蛋白质，以及时收集含蛋白质的洗出液。

4. 盐（NH_4^+）的检查

取少量收集的流出液，用纳氏试剂检测有无 NH_4^+，并及时收集之。

5. 电泳鉴定蛋白质成分

将收集的蛋白液 2～3 滴加浓缩剂一粒，当浓缩至蛋白液将干时，用微量 CAM 电泳法检测蛋白质的成分。

五、注意事项

1. 凝胶的再生

通常层析柱经洗脱剂再生、平衡后，就可反复使用。但使用过多次后凝胶床体积变小，流速降低，凝胶污染杂质过多，甚至变色，需经再生后才可使用。再生方法有多种。例如，用水进行逆向冲洗，再用洗脱剂平衡，便可重新使用。又如，把凝胶倒出，用 6mol/L 脲浸泡凝胶半小时，抽滤，再用水漂洗数次，除净脲，必要时重复上述操作即可重新使用。

2. 凝胶的保存

(1)湿法保存，可保存几个月至一年，有多种方法：

①加入防腐剂硫柳汞，使其浓度为 0.005%，下次使用前，水洗除去硫柳汞。

②加入几滴氯仿，摇匀存放。下次使用前用热水浴除去氯仿（沸点 60℃）。

③凝胶保存在 60%～70%乙醇溶液中，即凝胶以部分收缩状态保存。

(2)干法保存：此法操作不及湿法简便，但处理得好，凝胶存放时间长。先抽取过量水分，再向凝胶中逐步加入百分浓度递增的乙醇溶液，每次停留一段时间，使凝胶逐步脱水，最后加入 95%乙醇，凝胶脱水收缩。抽干，铺于搪瓷盆中，60～80℃下经常翻动烘烤。若有结块，在下次膨胀时会散开的，不可用力敲碎，否则会破坏颗粒结构。

六、思考题

1. 盐析的原理是什么？

2. 利用凝胶层析分离混合物时，怎样才能得到较好的分离效果？

3. 为什么说葡聚糖 G-25 凝胶层析是一种类似“分子筛”的分离方法？

（王　政　蔡　苗）

实验八　微量柱色谱——DE-52 分离血清 γ-球蛋白

一、实验目的

了解阴离子交换剂 DE-52 分离血清 γ-球蛋白的原理及要求。

二、实验原理

DE-52 纤维素是一种阴离子交换剂，色谱时先用 pH 6.3 的 0.0175mol/L 磷酸盐缓冲液平衡。在 pH 6.3 的缓冲液中，血清蛋白中的白蛋白、α-球蛋白、β-球蛋白的等电点都小于 6.3，故带负电荷成为阴离子，而 γ-球蛋白等电点大于 pH 6.3，则带正电荷成为阳离子，当血清蛋白通过 DE-52 时，血清中带负电荷的阴离子（白蛋白、α-球蛋白、β-球蛋白）与 DE-52 纤维素之间以离子键结合，被吸附在纤维素上，γ-球蛋白不能被吸附，则随洗脱液流出柱层，因而将血清蛋白中的 γ-球蛋白部分分离出来。

三、仪器和试剂

1. 仪器

0.5cm×7cm 色谱柱、吸管、滴管、试管、烧杯、电泳仪、电泳槽。

2. 试剂

(1)DE-52 纤维素、0.5mol/L NaOH 溶液、浓缩剂、20%磺基水杨酸。

(2)0.075mol/L 巴比妥缓冲液(pH 8.6)：巴比妥钠 15.45g、巴比妥 2.76g 溶于蒸馏水，稀释至 1000ml。

(3)0.0175mol/L 磷酸盐缓冲液(pH 6.3)：

A 液：称取磷酸二氢钠（$NaH_2PO_4 \cdot 2H_2O$）2.730g，溶于蒸馏水中，加蒸馏水稀释至 1000ml。

B 液：称取磷酸氢二钠（$Na_2HPO_4 \cdot 12H_2O$）6.269g，溶于蒸馏水中，加蒸馏水稀释至 1000ml。

取 A 液 77.5ml，加于 B 液 22.5ml 中，混匀后即成。

四、实验步骤

1. DE-52 纤维素的预处理

先将干粉状的纤维素浸泡在蒸馏水中一段时间，大约 3h 左右，去除杂质，并抽干一下；再用 0.5mol/L 的 HCl 溶液浸泡 2h，用去离子水洗净至中性，并抽干；将抽干的纤维素再浸泡在 0.5mol/L 的 NaOH 溶液中 2h，用去离子水洗至中性，抽干，即可。

2. 微量色谱柱制备

称取已经预处理过的 DE-52 湿纤维素 1g，加 0.0175mol/L 磷酸盐缓冲液(pH 6.3)浸渍，洗涤后弃去细粒。

3. 装柱

色谱柱垂直装好，下端垫一小棉球，加入缓冲液赶走柱中气泡。关紧出口，把准备好的DE-52纤维素悬液边搅拌边用滴管加入柱内，打开出口，让其沉降，柱床体积6cm高，床面盖少量缓冲液，并投入一小圆形滤纸，以隔开凝胶床面，再用缓冲液平衡。

4. 加样、洗脱

当柱床尚残留缓冲液约1～2mm时，加入1∶2稀释血清2～3滴，当样品全部进入柱床后，先吸取缓冲液约3～4滴冲洗，然后加入缓冲液冲洗，再用20%磺基水杨酸检测流出液中有无蛋白质，收集2～3滴蛋白质溶液。

5. γ-球蛋白的鉴定

将收集的蛋白液加浓缩剂一粒浓缩至蛋白液将干时，用微量醋酸纤维素薄膜电泳检测蛋白质的含量。

6. DE-52纤维素的再生

收集蛋白质完毕，加0.5mol/L NaOH数滴，待全部进入后，柱床用pH 6.3的0.0175mol/L磷酸盐缓冲液平衡。

五、注意事项

1. 凝胶及DEAE纤维处理期间，必须小心用倾泻法除去细小颗粒。这样可使凝胶及纤维素颗粒大小均匀，流速稳定，分离效果好。

2. 装柱是层析操作中最重要的一步。为使柱床装得均匀，务必做到凝胶悬液或DEAE纤维素混悬液不稀不厚，一般浓度为1∶1。进样及洗脱时切勿使床面暴露在空气中，不然柱床会出现气泡或分层现象。加样时必须均匀，切勿搅动床面，否则均会影响分离效果。

3. 本法是利用γ-球蛋白的等电点与α-球蛋白、β-球蛋白不同，用离子交换层析法进行分离的。因此，层析过程中用的缓冲液pH要求精确。

六、思考题

1. 什么叫分级盐析？

2. 本实验中是如何采用分级盐析获得粗品γ-球蛋白的？

3. DEAE纤维素离子交换层析的固定相和流动相各是什么？

（王　政　蔡　苗）

第五章　蛋白质分析技术

第一节　蛋白质分离纯化的基本原理及方法

一、蛋白质分离的基本原则

蛋白质是最重要的生命活动的载体，是生物体最主要的组成部分之一，对其结构和功能的研究是生命科学的核心问题。在细胞和组织中常常存在着数千种蛋白质，同时大多数蛋白质在组织或细胞中都是和核酸等生物分子紧密结合在一起，而且许多蛋白质在结构、性质上有相似之处，因此蛋白质的分离提纯是一项复杂的工作。倘若欲分析单个类型蛋白质的结构和功能，提取蛋白质便成为蛋白质研究中最关键的一步，因为这一步影响了蛋白质的产率、生物活性和特定目的蛋白的结构的完整性。

要分离纯化某一种蛋白质，在选择提取条件时一定要遵守以下原则：在破坏力最小、保持蛋白质结构完整性的前提下，可重复地使细胞最大程度地裂解。在提取某一种蛋白质时一定要注意以下几点：①细胞的裂解方式；②pH 值的控制；③温度；④避免蛋白的降解。

二、蛋白质分离的基本方法

（一）材料的预处理

蛋白质种类很多，性质上的差异很大，即使是同类蛋白质，因选用材料不同，使用方法差别也很大，且又处于不同的体系中，因此不可能有一个固定的程序适用各类蛋白质的分离。目前，蛋白质根据来源不同一般分为天然蛋白质和重组蛋白质两类。其中，天然蛋白质来源于植物、动物及微生物。对于天然蛋白质，提取过程中应注意：

1. 从动物组织或体液中分离目的蛋白时，取到材料后要迅速处理，充分脱血后，要尽可能地去除结缔组织和脂肪。组织样品切成小块或者进行均浆（无组织块）处理后，须立即使用或冷冻于－50℃以下备用，且不易存放太久。应尽量避免某些脏器（肝脏、脾、肾脏等）中富含溶菌体酶类，尤其是组织蛋白酶等。

2. 植物材料分离蛋白质时要注意植物细胞壁比较坚厚，要采取有效的方法使其充分破碎。同时植物中含有大量的多酚物质，在提取过程中会氧化成褐色物质，干扰后续的纯化。为防止氧化作用，可以加入聚乙烯吡咯烷酮（PVP）吸附多酚物质，以减少褐变。另外，植物细胞的液泡内含有可能改变抽提液 pH 值的物质，因此应选择较高浓度的缓冲液作为提取液。同时还应考虑到同种植物的不同品种、生长发育状况及季节变化等因素与蛋白质含量密切相关，因此需选取合适的植物材料。

3. 微生物来源的蛋白质分为胞内和胞外蛋白质。胞外蛋白质可以通过离心过滤将菌体从发酵液中分离弃去，所得发酵液通常要浓缩，然后进一步纯化。对于胞内酶则首先要进行细胞破碎处理。

重组蛋白质是利用基因工程手段、由重组核酸编码在原核细胞或真核细胞中所表达的蛋白质。对于该用途的细菌或酵母菌，应先浓缩，以提高其产量。同时，若是该表达的蛋白质在胞内，就必须先破细胞，而且在破碎过程中加入蛋白酶抑制剂，在低温条件下、尽可能短的时间内进行提取。因此，为了纯化胞内蛋白，提取的关键步骤是组织细胞或培养细胞的有效破碎。

（二）细胞破碎

细胞破碎是指破坏细胞壁或细胞膜，将胞内物质释放到周围环境的过程。由于不同种生物组织的细胞有着不同的特点，要根据具体情况选用适宜的办法破碎细胞。细胞破碎的方法很多，简要归纳为机械破碎、物理破碎、化学破碎和酶法破碎四大类。

1. 机械破碎法

机械破碎中的机械作用力主要有压缩力和剪切力。常用的机械有高速组织捣碎机、高压匀浆器、玻璃或 Teflon 研棒匀浆器、高速球磨机或直接用研钵研磨等。各种组织和细胞的常用机械破碎法列于表 5-1。

表 5-1　各种机械破碎法优缺点一览表

破碎方法	组织种类	优　点	缺　点
研磨法	细菌、植物细胞	对生物大分子破坏力小	研磨不彻底，研磨操作不得超过 15min，石英砂或氧化铝用前应做清洁处理
高速珠磨	细胞混悬液	破碎速度快，破碎率高，处理量大	研磨过程易产生热，蛋白活性易损失。应边破碎边冷却。玻璃珠用前需用浓盐酸处理，再用双蒸水洗至中性，烘干，用前预冷
手动式匀浆	柔软的动物组织	对生物大分子破坏力小，破碎程度高于高速组织捣碎机	处理量比较少。匀浆过程注意低温操作，或将玻璃匀浆机于操作前先预冷
高压匀浆	细菌、酵母、植物细胞	适宜中等体积的样品操作，破碎速度快，破碎率高	匀浆过程注意低温操作，或将样品匀浆前冷却处理。为防止污染，高压室及出口管需彻底清洗

2. 物理破碎法

主要分为渗透压冲击法、超声波破碎法、冻结-融化法和干燥法等。

(1)渗透压冲击法：利用渗透压迅速变化而使细胞破碎的渗透压冲击法，是破碎细胞最温和的方法之一。先将细胞悬浮于高渗溶液（蔗糖或甘油溶液）中平衡一段时间，离心后再把细胞迅速投放在 4℃左右的蒸馏水等低渗溶液中，由于细胞外渗透压突然降低而使细胞破碎，从而将细胞内的酶释放到胞外。但是这种方法对具有坚韧的多糖细胞壁的细胞，如植物、细菌和霉菌不太适用。

(2)超声波破碎：是破碎细胞或细胞器的一种有效手段。它是利用空化作用，通过空穴的形成、增大和闭合产生极大的冲击力和剪切力，而使细胞破裂，达到破碎细胞的效果。其因简便、快捷、效果好而成为实验室最常用的物理破碎法。同时,细胞破碎程度与输出频率、细胞浓度、溶液黏度、pH、温度及离子强度等有关。但是由于超声空穴局部过热会引起蛋白质生物活性丧失,因此超声波处理时间应尽可能短,并且容器周围应采用冰浴冷却处理,这样可尽可能地减少热效应引起的蛋白质的失活。因此,这种方法不宜放大,主要用于实验室规模的细胞破碎。另外对超声波敏感的酶和核酸应慎用。超声波处理的一般处理条件为:选用发射频率为10～25kHz、功率为100～150W的超声波探头在温度为0～10℃、pH为4～7的细胞悬浮液中处理3～10min。操作时常应把悬浮液预先冷却到0～5℃,并且还应在夹套中连续通入冷却剂进行冷却。另外,超声波产生的化学自由基团能使某些敏感性活性物质失活,可以通过添加自由基清洗剂,如胱氨酸或谷胱甘肽,或用氢气预吹细胞悬浮液来缓和。

(3)冻结-融化法:将细胞急剧冻结后在室温下缓慢融化,反复操作多次而达到破坏细胞壁和细胞膜的作用,适用于较脆弱的菌体及生物组织。冻结的作用是破坏细胞膜的疏水键结构,增加其亲水性和通透性;另一方面,由于胞内水结晶使胞内外产生溶液浓度差,在渗透压作用下细胞膨胀而破裂。该方法简单易行,但效率不高,需反复几次才可以达到预期破壁的效果。如果冻融操作时间过长,更应注意胞内蛋白酶作用而引起的后果。一般在冻融液中加入蛋白酶抑制剂,如PMSF(苯甲基磺酰氟)、络合剂EDTA、还原剂DTT(二硫苏糖醇)等以防破坏目的酶。

(4)干燥法:分为气流干燥、真空干燥、喷雾干燥和冷冻干燥四种。其原理是令与细胞结合水分丧失,经干燥后的细胞或菌体,其细胞膜的渗透性发生变化,然后用丙酮、丁醇或缓冲液等溶剂处理时,胞内物质就会被抽提出来。其中气流干燥主要适用于酵母菌,一般在25～30℃的气流中吹干;真空干燥多用于细菌;冷冻干燥适用于较不稳定的物质。

3. 化学破碎法

是利用化学试剂与细胞膜作用而使膜结构破坏的原理来破碎细胞。某些化学试剂,如有机溶剂(丁酯、丁醇、甲苯、二甲苯、氯仿及高级醇等)、变性剂(盐酸胍和脲)、表面活性剂(吐温、牛黄胆酸钠、十二烷基磺酸钠、Triton X-100)、抗生素、金属螯合剂(EDTA)等,可使细胞破碎、颗粒体结构解体,从而把蛋白质释放出来。其优点在于:对产物释放有一定的选择性,可使一些较小相对分子质量的溶质,如多肽和小分子的蛋白透过,而核酸等大相对分子质量的物质仍滞留在胞内;细胞外形完整,碎片少,浆液黏度低,易于固液分离和进一步提取。表面活性剂处理法对膜结合蛋白特别有效。但是此方法具有时间长、效率低及化学试剂对蛋白质的毒性强等缺点。其中,表面活性剂最为有效。表面活性剂可与细胞膜中的磷脂及脂蛋白作用而破坏细胞膜结构,增加通透性。例如,Triton X-100是一种非离子型清洁剂,对疏水性物质具有很强的亲和力,能结合并溶解磷脂,破坏内膜的磷脂双分子层,使某些胞内物质释放出来。表面活性剂虽然有效,但会引起蛋白质结构的破坏而使蛋白质变性失活。因此,加入的表面活性剂可采用凝胶层析法除去,以免影响下一步的分离纯化。

4. 酶法破碎

通过外加的或细胞本身存在的酶(例如溶菌酶、纤维素酶、蜗牛酶、半纤维素酶及酯酶等)的作用将细胞消化溶解,细胞壁分解,使细胞内含物释放出来的方法称为酶学方法。其优点在于选择性释放产物,条件温和,核酸泄出量少,细胞外形完整。其缺点有:易造成产物抑制作用,这可能是导致胞内物质释放率低的重要因素;溶酶价格高,限制了大规模利用;酶法通用性差,不同菌种应需选择不同的酶。因此,在实验操作中应注意控制温度、酸碱度、酶用量、先后次序及时间。

(1)外加酶制剂:对于细菌,一般加入溶菌酶,有的还要加入 EDTA,例如用 EDTA 与革兰氏阴性细菌(如大肠杆菌)一起温浴,可制得相应的原生质体;对于酵母,采用β-葡聚糖酶;几丁酶可用于含几丁质的霉菌细胞壁的破碎。它们在一定的温度和 pH 条件下,保温一段时间,细胞壁即被破坏。但是由于溶菌酶、几丁酶等价格高,溶酶法通用性差(不同菌种需选择不同的酶),产物抑制等缺点,因此只适用于实验室。例如,在溶菌酶系统中,甘露糖对蛋白酶有抑制作用,葡聚糖抑制葡聚糖酶。

(2)自溶法:将欲破碎的细胞在一定 pH 条件和适宜温度下保温一定时间,通过细胞本身存在的酶系作用,将细胞破坏,使胞内物质释放的方法,称为自溶法。动物细胞的自溶温度一般在 0～4℃,而微生物细胞的自溶多在室温下进行。其缺点是易于引起杂菌和噬菌体感染。

综上所述,无论用哪种方法破碎组织细胞,首先应考虑目的蛋白的分子结构和其生物学活性。在破碎过程中,极端 pH 值、温度、机械压力、高压及蛋白水解作用都会扰乱蛋白质天然结构,进而影响其生物学活性。因此,在实际操作中,应尽量考虑全面,选择最科学有效的实验方法。

(三) 蛋白质的抽提

大部分蛋白质均可溶于水、稀盐、稀酸或稀碱溶液中,少数与脂类结合的蛋白质溶于乙醇、丙酮及丁醇等有机溶剂中。因此,可采用不同溶剂提取、分离及纯化蛋白质。蛋白质在不同溶剂中溶解度的差异,主要取决于蛋白分子中非极性疏水基团与极性亲水基团的比例,其次取决于这些基团的排列和偶极矩。因此,分子结构性质是不同蛋白质溶解差异的内因。温度、pH、离子强度等是影响蛋白质溶解度的外因。在提取蛋白质时,只有将这些内外因素综合加以利用,才能将细胞内蛋白质提取出来,并与其他不需要的物质分开。

蛋白质的提取是指在一定的条件下,用适当的溶剂或溶液来处理生物原料,使蛋白质充分溶解到溶剂或溶液中的过程,也称为蛋白质的抽提。典型的抽提液应由离子强度调节剂、pH 缓冲剂、温度效应剂、蛋白酶抑制剂、抗氧化剂、重金属络合剂、增溶剂几部分组成。在抽提过程中,应注意调节温度,避免剧烈搅拌等,以防止蛋白质变性,抽提温度多控制在 0～4℃。

抽提溶剂的选择应根据欲制备的蛋白质的结构和溶解性质。血浆、消化液和分泌液等体液中可溶性蛋白质,可不经过抽提,直接进行分离。对于其他蛋白质抽提的基本原则是:极性物质易溶于极性溶剂中,非极性物质易溶于非极性的有机溶剂中,酸性物质易溶于碱性溶剂中,碱性物质易溶于酸性溶剂中。有些目的蛋白与脂质结合或含有较多的非极性基团,则可用有机溶剂提取。例如,蛋白质中的角蛋白、胶原及丝蛋白等不溶性蛋白质,只需要适当的溶剂洗去可溶性的伴随物,如脂类、糖类以及其他可溶性蛋白质,最后剩下的就是不溶性蛋白质。这些蛋白质经细胞破碎后,用水、稀盐酸及缓冲液等适当溶剂,将蛋白质溶解出来,再用离心法除去不溶物,即得粗提取液。水适用于白蛋白类蛋白质的抽提。如果抽提物的 pH 用适当缓冲液控制时,共稳定性及溶解度均能增加。如球蛋白能溶于稀盐溶液中;脂蛋白可用稀的去垢剂溶液,如十二烷基硫酸钠、洋地黄皂苷(digitonin)溶液或有机溶剂来抽提。其他不溶于水的蛋白质通常用稀碱溶液抽提。膜蛋白的抽提较为复杂,应根据其所在的位置进行抽提。对于外周蛋白而言,因其通过次级键和膜外侧脂质的极性头部螯合在一起,应选择适当离子强度、pH 的缓冲液将其抽出,同时该缓冲液中应含有乙二胺四乙酸

(EDTA)。对于固有蛋白质而言，因其是通过疏水键与膜内侧脂质层的疏水性尾部相连结而嵌合在膜脂质双分子层中，因此应考虑到在抽提时既要消减其与膜脂的疏水性结合，又要保持其部分疏水基暴露在外的天然状态，因此在抽提时应注意使用增溶试剂。常用的增溶试剂是去垢剂，其中，阳离子型包括 SDS、LiDS(十二烷基硫酸锂)，阴离子型包括胆酸钠和脱氧胆酸钠，两性离子型如 CHAPS，非离子型包括 Triton X-100、Triton X-114、Tween-20、NP-40 等。增溶后的膜蛋白抽提液有较好的均一性，便于进一步纯化。纯化后的膜蛋白，可通过透析等方法去除去垢剂，进行膜蛋白重组。

提取液的离子强度也很关键，因此应注意溶剂量及盐浓度等的选择，大多数蛋白质在低浓度的盐溶液中有较大的溶解度。因此，水抽提液一般采用等渗溶液。最普通的为 0.02～0.05mol/L 的磷酸缓冲液和 0.15mol/L NaCl 等。同时，也常用焦磷酸钠和枸橼酸钠的缓冲液，有助于切断蛋白质和其他物质的联系。有机溶剂法中的丁醇提取法适宜于提取某些与脂质结合紧密的蛋白质和酶，一是因为丁醇亲脂性强，尤其是溶解磷脂的能力强，二是因为丁醇具有亲水性，在溶解度范围内不会引起蛋白质的变性而是使蛋白质失活。

抽提液用量常采用原料量的 1～5 倍。有时，为了抽提效果好些需要反复抽提时．抽提溶液比例可能大些。因此，大多数蛋白都可用稀酸、稀碱或稀盐溶液浸泡抽提，选用何种溶剂和抽提条件视蛋白质的溶解性和稳定性而定。

（四）蛋白质粗制品的获得

1. 离心法去除细胞碎片及杂质

离心技术是借助离心机旋转产生的离心力，使不同大小、不同密度的物质分离的技术。该方法是分离蛋白质、酶、核酸及细胞亚组分的最常用的方法之一，也是生化实验室中常用的分离、纯化或澄清的方法。

目前，离心机根据离心速度不同，可分为低速离心、高速离心和超高速三种。表 5-2 所示的是不同的离心场下沉降的细胞组分。在离心时应注意：由于温度升高易造成的蛋白质变性失活，因此对于分离易失活的蛋白质应采取冷冻离心机。

表 5-2　不同离心场下沉降的细胞组分

种　类		离心速度	用　途
低速离心机		≤6000r/min	分离细胞、细胞碎片、培养物残渣及粗结晶等较大颗粒
高速离心机		(2～2.5)$\times 10^4$ r/min	分离各种沉淀物、细胞碎片及较大的细胞器
超高速离心机	制备型超高速离心机	(3～12)$\times 10^4$ r/min	分离纯化 DNA、RNA、蛋白质等生物大分子及细胞器，病毒
	分析型超高速离心机	(3～12)$\times 10^4$ r/min	测定样品纯度(根据紫外吸收率或折光率等判断)、沉降系数、相对分子质量

因此，我们可以根据离心原理及目的蛋白、杂质颗粒的大小、密度和特性的不同，设计多种离心分离蛋白质的方法，常见下列三大类型：

(1)差速离心：采用不同的离心速度(交替使用低速和高速离心)和离心时间，使沉降速度不同的颗粒分批分离。此方法主要用于分离大小和密度差异较大的颗粒。

众所周知，球形颗粒的沉降速度取决于它的密度、半径和悬浮介质的黏度。那么，当动植物组织制成匀浆后，在适当的悬浮介质中离心一定时间，组织匀浆中的各种细胞器及其他内含物由于沉降速度不同将停留在高低不同的位置，依次增加离心力和离心时间，就能够使这些颗粒按其大小、轻重分批沉降在离心管底部，从而分批收集。细胞器沉降顺序由先至后依次是细胞核、线粒体、溶酶体和其他微体、核糖体和大分子。

悬浮介质通常采用缓冲的蔗糖溶液，它较接近细胞质的分散相，在一定程度上能保持细胞器的结构和蛋白质的活性；pH 7.2 的条件下，亚细胞组分不容易聚集成团，有利于分离。整个操作过程要保持在 0～4℃，避免蛋白质的失活。

差速离心主要用于分离那些大小和密度相差较大的颗粒。差数离心操作简单、方便，但是分离效果较差，分离的沉淀物中含有较多的杂质，离心后颗粒沉降在离心管的底部，并使沉降的颗粒受到挤压，容易引起结团，甚至引起蛋白质的变性失活。因此，差速离心仅适用于粗提或浓缩，并且适用于分离沉降系数 10 倍以上的组分。为提高分离效果，可采用先沉淀后分离的方法。

(2)速率区带离心：速率区带离心是根据样品中颗粒的沉降速度差异在预形成密度梯度中进行沉降分离的方法。该方法一般用来分离密度相近而大小不等的生物大分子或细胞器。具体操作是把样品铺放在一个密度变化范围较小、梯度斜率变化比较平缓的密度梯度介质(蔗糖、甘油、KBr、CsCl 等)的顶部、离心管底部或梯度层中间，在离心力场作用下样品中的颗粒按照各自的沉降速度移动到梯度中不同位置而形成区带，进而使不同沉降速度的颗粒得以分离。其分辨的基本规律是：增加离心力，缩短离心时间，扩散引起的区带加宽程度小；增加梯度斜率，区带变窄。对于沉降系数差值在 40% 以上的颗粒，需工作转速在 25000r/min 以上，同时应用线性梯度和等动力梯度进行分离。对于沉降系数差值在 10%以内的颗粒，需工作转速在 65000r/min 以上才可对其进行分离。在实验中应注意以下三点：①由于该方法是根据颗粒的沉降速度进行分离，因此梯度的密度应低于被分离颗粒的最小密度。②离心时间应严格控制，既要有足够的时间让各种粒子在介质梯度中形成区带，又要控制在任何粒子达到沉淀之前。这是因为，时间过短，各种粒子未充分分离；时间过长，所有样品可形成沉淀。因此，分离时间一般不超过 4h。③为了避免样品颗粒在转子底部形成沉淀，通常在梯度底部加一层密度大于最大颗粒密度的垫层。

速度区带离心的优点是分离效果好，适用范围广，对颗粒损伤小等；缺点是离心时间长，需制备梯度介质溶液，操作严格、不易掌握等。

(3)等密度梯度离心：等密度离心法是在离心前预先配制介质的密度梯度液。此种密度梯度液包含了被分离样品中所有粒子的密度，待分离的样品铺在梯度液顶上或和梯度液先混合，离心开始后，当梯度液由于离心力的作用逐渐形成底浓而管顶稀的密度梯度，与此同时原来分布均匀的粒子也发生重新分布。在离心力的作用下，不同浮力密度的颗粒或向下沉降，或向上漂移，只要时间足够长，就可以一直移动到与他们各自的浮力密度恰好相当的位置(等密度点)，形成区带。区带的形成与样品粒子的密度有关，密度差越大，越容易分离。区带的形成与粒子的大小和其他参数无关，但是平衡的速度、时间和区带的宽度都受到颗粒的大小和形状所影响。因此，只要转速、温度不变，则延长离心时间也不能改变这些粒子的成带位置。

因此，在这种梯度离心中，颗粒的密度是影响最终位置的唯一因素，用这种方法分离颗粒，主要是根据被分离颗粒的密度差异。此法一般应用于物质的大小相近而密度差异较大时。只要被分离颗粒间的密度差异大于1%就可用此法分离。

在等密度离心中,颗粒的浮力密度不是恒定不变的,它与颗粒本身的密度和水化程度有关,也与梯度介质和颗粒间的相互作用等因素有关。所有的等密度离心都使用水溶性缓冲剂作溶剂,缓冲剂的组成及pH值取决于生物样品的性质。对细胞、亚细胞结构或其他生物大分子的等密度离心分离各有不同要求。

蔗糖或者甘油(它们的最大密度是1.3g/cm^3)通常可用于分离与膜结合的细胞器,如高尔基体、内质网、溶酶体和线粒体。在等密度梯度离心中蔗糖或甘油的梯度的作用与移动区带离心中梯度原理是不同的:在移动区带离心中梯度的唯一目的是减少样品的扩散,即使是在离心管的底部,颗粒的密度也比介质大;相反,在等密度梯度离心中,使用的密度是足以阻止颗粒移动的密度,当颗粒达到与本身密度相同的密度区时就会停留在该区域。

等密度离心的优点是一次可获得接近100%的纯度和产率,并且分辨率高;其缺点是离心平衡时间太长,往往需要10h以上。

无论采用任何一种离心方法,由于离心机转速过高,产生的离心力过大,因此在离心时都应注意以下几点:①明确离心机的最大转速,在允许的范围内离心。对于需要4℃离心条件的离心,离心前应预冷,待达到所需温度时才开始离心。②待离心的离心管应严格配平。③离心管加样量要适宜。④离心过程中要小心观察,若发生异常应立即停机甚至切断电源。⑤离心完毕后应对转头等进行仔细清洗、擦干,以免腐蚀转头。低温离心后须将离心机盖打开以保持干燥,避免水滴凝结。⑥离心完成后认真填写设备使用记录。⑦平均3个月保养1次,并检测相关数据是否正常。

2. 沉淀法获得蛋白质粗制品

众所周知,蛋白质在溶液中由于表面带电的氨基酸残基与溶剂分子相互作用,故能保持溶解状态。在同一特定的外界条件下,不同的蛋白质具有不同的溶解度。因此,可根据蛋白质的溶解度差异将所要的蛋白质与其他杂蛋白分离开来。常用的有下列几种方法:

(1)盐析沉淀:当加入盐离子时,盐在溶液中解离为正离子和负离子,由于反离子的作用,使蛋白质分子表面电荷改变,同时由于离子的存在改变了溶液中水的活度,使分子表面的水化膜改变,从而改变了蛋白质在水溶液中的溶解度,因此蛋白质发生相互聚集而沉淀,这种现象称为盐析。

在进行蛋白质盐析分离的时候,一般从低离子强度到高离子强度顺次进行。每一组分被盐析出来后,经过过滤或冷冻离心收集,再在溶液中逐渐提高中性盐的饱和度,使另一种蛋白质组分盐析出来。

同时,离子种类对蛋白质溶解度也有一定的影响,离子半径小而电荷数很高的离子在盐析方面影响较强,离子半径大而低电荷的离子的影响较弱,下面为几种盐的盐析能力的排列次序为:磷酸钾>硫酸钠>磷酸铵>枸橼酸钠>硫酸镁。其中硫酸铵最为常用。硫酸铵因具有高溶解度,同时温度系数小(如在25℃,其溶解度为767g/L H_2O;在0℃,其溶解度为697g/L H_2O),对蛋白质作用温和且价廉等特点而最为常用。由于各种蛋白质组分在不同浓度的硫酸铵溶液中溶解度不同,故可采用分级沉淀法分离。如当硫酸铵饱和度达到20%时,纤维蛋白原首先析出;饱和度达到28%~33%时,血红蛋白析出;饱和度达35%时,拟球蛋白析出;饱和度达到50%时,清蛋白析出。由此可见,不同蛋白质发生盐析时,所需的离子强度不同。

硫酸铵的加入方法有以下几种：①加入固体盐法。用于要求饱和度较高而不增大溶液体积的情况。②加入饱和溶液法。用于要求饱和度不高而原来溶液体积不大的情况。③透析平衡法。先将盐析的样品装于透析袋中，然后浸入饱和硫酸铵中进行透析，透析袋内硫酸铵饱和度逐渐提高，达到设定浓度后，目的蛋白析出，停止透析。该法优点在于硫酸铵浓度变化有连续性，盐析效果好，但手续烦琐，需不断测量饱和度，故多用于结晶。硫酸铵分级沉淀法通常可去除抽提液中75%的杂蛋白，并可大大浓缩蛋白液，浓缩程度取决于用多少溶液溶解沉淀的蛋白。蛋白液体积越小，后续上柱分离就越容易。

具体进行盐析操作时还应注意以下几点：①溶液中生物分子的浓度过高，其他成分就会有一部分随着沉淀一起析出，即所谓的共沉现象。若溶液中生物分子浓度过低，虽可以减少共沉淀现象，但是必然造成反应体积加大，用盐量加大，降低回收率。因此，一般认为2.5%～3.0%的蛋白质浓度比较适中。②pH值对盐析有影响。这是因为如果生物分子表面携带的净电荷越多，就会产生越强的排斥力，使生物分子不容易聚集，此时溶解度很大。因此，如果想要沉淀某一成分，应该将溶液的pH值调整到该成分的等电点。③多数物质的溶解度会受到温度变化的影响。在一定温度范围内，物质的溶解度会随温度的升高而增加。但是对于某些盐，溶解后温度会升高，应边搅拌边加入。例如硫酸铵应在搅拌中缓慢加入，避免溶液中硫酸铵局部浓度过高。同时搅拌也需温和，避免产生大量气泡。④溶液中的重金属离子，对蛋白质巯基有敏感作用。例如，硫酸铵中常含有少量的重金属离子，对蛋白质巯基有敏感作用，使用前必须用H_2S处理。即将硫酸铵配成浓溶液，通入H_2S饱和，放置过夜，用滤纸除去重金属离子，浓缩结晶，100℃烘干后使用。

(2)等电点沉降：一般来说，蛋白质在不同pH下有着不同的溶解度，离等电点越远溶解度越大，离等电点越近溶解度越小，等电点处溶解度最小。这是因为蛋白质是两性电解质，在溶液的pH值等于某两性电解质的等电点时，该两性电解质分子的净电荷为零，分子间的静电斥力消除，使分子能聚集在一起沉淀下来。利用两性电解质在等电点时溶解度低，以及不同的蛋白具有不同的等电点这一特性，通过调节溶液的pH，使蛋白质或杂质沉淀析出。但必须注意在水中或稀盐液中的蛋白质等电点与高盐浓度下所测的结果是不同的，需根据实际情况调整溶液pH值，以达到最好的盐析效果。同时由于等电点时两性电解质分子表面的水化膜仍然存在，使蛋白质等大分子物质仍有一定的溶解性，而使沉淀不完全。因此，在实际使用时，等电点沉淀法往往与其他方法一起使用，例如，等电点沉淀法经常与盐析沉淀、有机溶剂沉淀和复合沉淀等一起使用。

(3)低温有机溶剂沉降法：在溶液中加入与水互溶的有机溶剂，可显著降低溶液的介电常数，从而使蛋白质分子相互之间的静电引力作用加强，进而相互吸引而发生沉淀。同时，对于具有水化膜的分子来说，有机溶剂与水作用使蛋白质的表面水化层厚度压缩，导致蛋白质脱水，进而使得蛋白质间的疏水作用增强，从而产生沉淀。

有多种因素影响有机溶剂的沉淀效果。①温度：低温可保持生物大分子活性，同时降低其溶解度，提高提取效率；但是某些酶在低温下会完全失活，例如Mn-SOD在低温下用丙酮-氯仿处理会完全失活。②金属离子：一些多价阳离子，如Zn^{2+}和Ca^{2+}在一定pH下能与呈阴离子状态的蛋白质形成复合物，这种复合物在水中或有机溶剂中的溶解度都大大下降，但是不影响蛋白质的生物活性。③离子强度：有机溶剂在中性盐存在的条件下可以减少蛋白质的变性，提高分离效果，但是中性盐的存在又会增加蛋白质在有机溶剂中的溶解度，因此，在利用有机溶剂进行蛋白质的沉淀分离时，以添加 0.05mol/L 的中性盐为宜。④在加入有机溶剂时注意搅拌均匀，以避免局部浓度过大。⑤pH：一般应将溶液的 pH 值调节到欲分离物质的等电点附近。

常用的有机溶剂有乙醇、丙酮、甲醇、聚乙二醇等。其中，聚乙二醇（polyethylene glycol，PEG）对酶的作用比较温和，不会使其变性。在溶液中加入 PEG 可降低蛋白质的水化作用，使其发生沉淀。常用的 PEG 相对分子质量为 4000 或 6000。PEG 浓度达 20%时，大部分蛋白质已发生沉淀。一般，低相对分子质量的酶由于体积较小，需采用较高浓度的 PEG 分级；高相对分子质量酶分子体积较大，采用低浓度 PEG 分级。

有机溶剂沉淀法较一般盐析法（如硫酸铵沉淀法）分辨率高，过滤较容易。该法的优点在于：①分辨能力比盐析法高，即蛋白质或其他溶剂只在一个比较窄的有机溶剂浓度范围内沉淀；②沉淀不用脱盐，过滤较为容易；③在生化制备中应用比盐析法广泛。其缺点在于：有机溶剂一般都使蛋白质变性，当温度较高时变性蛋白质分子就会永久失活。因此，用有机溶剂处理时最好在 0℃以下进行。用有机溶剂沉淀得到的蛋白不要放置过久，要立即用水或缓冲液溶解，尽快分离，以降低有机溶剂对蛋白质的影响。

(4)复合沉淀法：在蛋白质液中加入某些物质，使它与蛋白质形成复合物而沉淀下来，从而使蛋白质与杂质分离。常用的沉淀剂有单宁、聚乙二醇、聚丙烯酸等高分子聚合物。例如，聚丙烯酸作为复合沉淀剂时，首先应将蛋白液调节至 pH 3～5，加入 30%～40%样品量的聚丙烯酸，生成蛋白质-聚丙烯酸沉淀物。进一步纯化是将沉淀分离出来后，用稀碱液调节 pH 值至 6 以上，则蛋白质复合物便会分离，再加入一定量的 Ca^{2+}、Mg^{2+}、Al^{3+} 等金属离子与聚丙烯酸反应生成聚丙烯酸盐沉淀，而使蛋白质游离出来。分离得到的聚丙烯酸沉淀可以用 1mol/L 硫酸处理后回收利用。

(5)选择性变性沉淀法：选择一定的条件（改变 pH 值、加热、添加某些金属离子等）使蛋白液中存在的某些杂质变性沉淀，而不影响所需的蛋白质特性，从而使蛋白质与杂质分离。例如，对于 α-淀粉酶等热稳定性好的酶，可以通过加热进行处理，使大多数杂蛋白受热变性沉淀而被除去。因此，在使用此法时，应对欲分离的蛋白质及杂质种类、含量、物理化学性质等方面进行详细的了解。

3. 膜分离去除小分子物质并浓缩蛋白液

(1)透析：透析法是利用半透膜的选择性在溶液中分离大分子和小分子的一种分离技术。该法在纯化过程中极为常用，通过透析可以除去蛋白液中的盐类、有机溶剂、低相对分子质量的抑制剂等。例如细菌蛋白经丙烯腈滤膜一次超滤后可浓缩 5 倍左右，去除杂蛋白 50%，去除干物质 70%，而蛋白质活性保持 75%以上。

操作时应注意：①由于新购进的透析袋易被重金属、蛋白水解酶及核酸酶等污染，因此应将其置于 0.5mol/L 的 EDTA 溶液中，煮半小时，弃去溶液，更换离子水，再煮 1 次。②透析应注意平衡时间，一般需 5h 以上，并且需要不停地搅拌。③为避免蛋白质水解，透析一般在低温下进行。

如今市面上有三种根据不同的样品量而广泛使用的透析工具，分别为 10～100μl 的微量透析管、0.1ml～15ml 透析盒、15～100ml 的大容量透析袋。这些透析工具大大解决了透析时间过长、样品回收率不高等缺点。

(2)超滤：其原理是一种膜分离过程。超滤是利用膜表面孔径机械筛分作用，膜孔阻塞、阻滞作用和膜表面及膜孔对杂质的吸附作用，以膜两侧的压力差为驱动力，以超滤膜为过滤介质，在一定的压力下，当原液流过膜表面时，超滤膜表面密布的许多细小的微孔只允许水及小分子物质通过而成为透过液，而原液中体积大于膜表面微孔径的物质则被截留在膜的进液侧，成为浓缩液，因而实现对原液的净化、分离和浓缩。借助超滤膜可截留的颗粒直径为 2～200nm。与传统分离方法相比，超滤技术具有以下特点：超滤过程是在常温下进行，条件温和无成分破坏，因而特别适宜对热敏感的物质，如药物、酶、果汁等的分离、分级、浓缩与富集；过滤过程不发生相变化，无需加热，能耗低，无需添加化学试剂，无污染，是一种节能环保的分离技术；超滤技术分离效率高，对稀溶液中的微量成分的回收、低浓度溶液的浓缩均非常有效；超滤过程仅采用压力作为膜分离的动力，因此分离装置简单，流程短，操作简便，易于控制和维护；超滤法也有一定的局限性，它不能直接得到干粉制剂。对于蛋白质溶液，一般只能得到 10%～50%的浓度。

超滤膜是一种具有超级“筛分”分离功能的多孔膜。它的孔径只有几纳米到几十纳米，也就是说只有一根头发丝的 1‰！在膜的一侧施以适当压力，就能筛出大于孔径的溶质分子，以分离相对分子质量大于 500、粒径大于 2～20nm 的颗粒。超滤膜一般为高分子分离膜，用作超滤膜的高分子材料主要有纤维素衍生物、聚砜、聚丙烯腈、聚酰胺及聚碳酸酯等。超滤膜的结构有对称和非对称之分。通常实验室所用为非对称性的超滤膜，因此它具各向异性，因此使用时要注意膜的正反面，不要搞错。超滤膜在使用后要及时清洗，一般可用超声波、中性洗涤剂、蛋白酶液、次氯酸盐及磷酸盐等处理，使膜基本恢复原有通水量。如果超滤膜暂时不再使用，可浸泡在加有少量甲醛的清水中保存。超滤膜可被做成平面膜、卷式膜、管式膜或中空纤维膜等形式。超滤装置分为以下三种(表 5-3)。

表 5-3　几种实验室用于分离纯化蛋白质的常用超滤装置的工作原理及用途

种　类	工作原理	装置简图	适用范围	优缺点
无搅拌式超滤	在密闭的容器中施加一定压力，使小分子和溶剂分子挤压出膜外	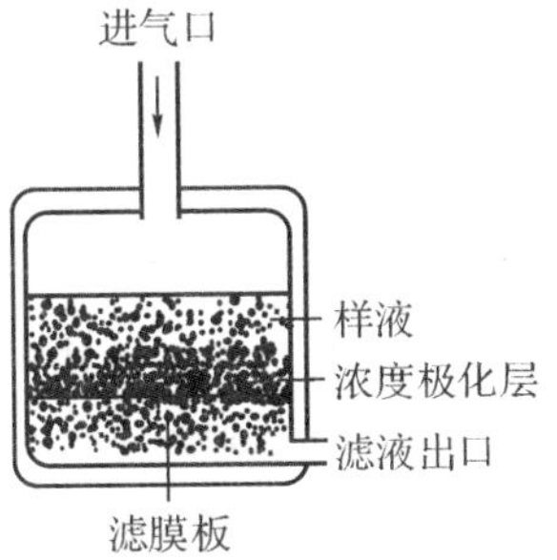 进气口 样液 浓度极化层 滤液出口 滤膜板	浓度较稀的小量超滤	装置比较简单，浓度极化较为严重，滤速慢
搅拌式超滤	将超滤装置置于电磁搅拌器之上，超滤容器内放入一支磁棒。在超滤时向容器内施加压力的同时开动磁力搅拌器，小分子溶质和溶剂分子被排出膜外，大分子向滤膜表面堆积时，被电磁搅拌器分散到溶液中	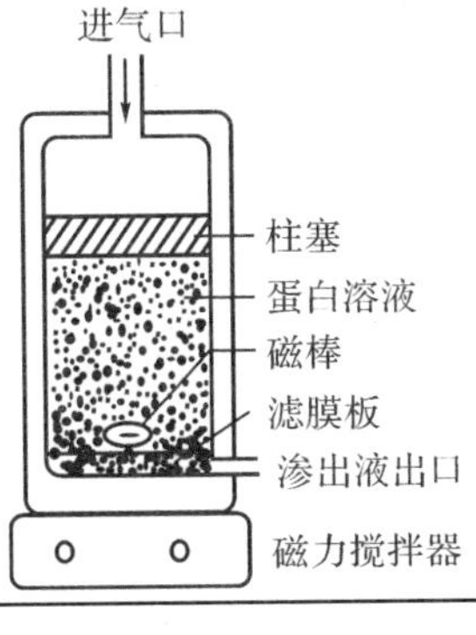 进气口 柱塞 蛋白溶液 磁棒 滤膜板 渗出液出口 磁力搅拌器	适用于大分子浓缩和脱盐	不容易产生浓差极化现象，提高了超滤的速度

续表

种　类	工作原理	装置简图	适用范围	优缺点
中空纤维超滤	由许多根空心纤维素装配组成，每根纤维丝即为一个微型管型膜，当以液压为动力，通过压力泵将样品液注入每根中空纤维管内时，受到中空纤维管内压作用，一部分溶质小分子和溶剂分子被挤出管外，一部分则携带着大分子通过流量阀回到储液瓶，与剩余样品液再次混合后重新进行下一次浓缩处理	压力表 流量阀 中空纤维柱 储液瓶 中空纤维管 渗出液出口 压力泵	适用于脱盐、浓缩样品分级分离	优点在于增大了渗透的表面积，提高了超滤的速度。其缺点在于料液需经预处理，单根纤维损坏时需调换整根柱子，价格较贵，清洗较慢

影响超滤的因素有几点。①溶质的分子形状、大小及扩散型：较小的分子较易扩散，线性溶质分子（如丙烯酸、聚乙二醇等）比球形溶质分子难扩散。葡聚糖等膜过滤性很差的大分子因易形成凝胶，故应降低超滤流率。②膜的透性：通过孔径大且疏松的膜（高相对分子质量范围）比通过孔隙小而致密的膜（低相对分子质量范围）的流率更高。③压力：压力大则流率增大，但是两者并不呈正比。④流体剪切力：适当的搅拌可提高膜表面的流体剪切力，降低浓差极化，保持溶质流动的稳定状态。⑤溶质浓度：当溶液经过不断的浓缩后，大分子溶质浓度逐渐增加，流量则逐渐下降。⑥离子环境：一定条件下，离子的强度、pH 值可改变溶质分子的构象，进而影响溶质的阻流率。同时还应注意某些膜本身的固有的离子静电荷。⑦温度：当温度升高，可降低溶液的黏度，有利于超滤，但是对于具有生物活性的蛋白质而言，一般都要求在低温下操作。

（3）电渗析：这是一种基于离子交换膜能选择性地使阴离子或阳离子通过的性质，在直流电场的作用下，使阴、阳离子分别透过相应的膜以达到从溶液中分离电解质的目的。目前主要用于水溶液中除去电解质、电解质与非电解质的分离和膜分离等。

（五）样品的高级分离纯化——层析法

层析技术是利用不同物质理化性质的差异而建立起来的分离分析技术。在蛋白质分离纯化过程中，根据蛋白质的形态、大小和电荷的不同而进行层析分离。所有的层析系统都由固定相和流动相组成。当蛋白质混合溶液（流动相）通过装有珠状或基质材料的管或柱（固定相）时，由于混合物中各组分在物理化学性质（如吸引力、溶解度、分子的形状与大小、分子的电荷性与亲和力）等方面存在差异，因此与两相发生相互作用（吸附、溶解、结合等）的能力不同，进而随着溶媒向前移动，各组分不断地在两相中进行再分配而得以分开。流动相的流动取决于组分与固定相的相互作用力。作用力越强，组分随流动相移动时受到阻滞作用小，向前移动的速度越快，反之亦然。分部收集流出液，可得到样品中各单一组分，从而达到将各组分分离的目的。用层析法可以纯化得到非变性的、天然状态的蛋白质。层析的方法很多，其中凝胶过滤层析、离子交换层析、亲和层析等是目前最常用的层析方法。各种层析方法的原理、详细操作方法及注意事项详见“第四章　色谱技术”。

第二节　蛋白质的鉴定

一、蛋白质的定量测定

纯化后的蛋白质无论是用于进行生物学实验研究还是应用于工业化，都应进行定量分析。定量分析主要是指蛋白质含量或蛋白质浓度的测定，常用的方法有凯氏定氮法、双缩脲法、Folin-酚试剂法（Lowry 法）、紫外吸收法、考马斯亮蓝法和银染法等。由于不同的方法都存在一定的优缺点，因此在选择蛋白质测定方法时应考虑到：①实验所要求的灵敏度和精确度；②所测定的蛋白质在测定后是否回收；③测定过程中可能存在的干扰物质；④测定时所需仪器与试剂、操作时间的长短及操作过程的难易度；⑤蛋白质的性质。下面介绍几种常用方法的基本原理及优缺点。

（一）微量凯氏定氮法

微量凯氏定氮法的基本原理为：由于蛋白质是含氮的化合物，当蛋白质与浓硫酸进行共热后，其即可分解产生氨，进而生成硫酸铵。在定氮消化瓶中，硫酸铵与强碱（氢氧化钠）作用，分解释放出氨，借蒸汽使得释出的氨被硼酸吸收生成硼酸铵。生成的硼酸铵再用标准硫酸或盐酸滴定，根据此酸液被中和的程度即可求出生物样品中含氮的总量。欲求样品中蛋白氮含量，将总氮量减去非蛋白氮即可。其中非蛋白氮的测定方法为：向样品溶液中加入三氯醋酸，使其质量分数为 0.05，将蛋白质沉淀出来，再取上清液进行消化，测定非蛋白氮。欲进一步求得样品中蛋白质的含量，即用样品中蛋白氮乘以 6.25 即可算出蛋白质的含量。

微量凯氏定氮法操作时应注意以下几点：①检测样品应均一。固体样品应预先研细混匀，液体样品应振摇或搅拌均匀。②消化要彻底。即注意消化过程中应和缓地沸腾，及时补充混合液保持凯氏瓶干涸，通过旋转凯氏烧瓶使侧壁无蛋白残渣附着。与此同时还应注意如不容易呈透明溶液，可将定氮瓶放冷后慢慢加入 30%过氧化氢 2～3ml，促使氧化。③蒸馏和吸收是整个过程的关键环节。在操作时应首先检测整套仪器的气密性，因为蒸馏得到的氨气的量对实验结果非常重要；为检查氨是否完全蒸馏出来，可用 pH 试纸测试馏出液是否为碱性；蒸馏瓶中的 NaOH 一定要过量；硫酸过量；冷凝管下端一定要插入吸收瓶所盛放的硼酸溶液液面下 1cm 处。这样蒸馏出的 NH_3 经过冷凝以 $NH_3 \cdot H_2O$ 的形式逐滴滴入吸收瓶中，吸收瓶中溶液的颜色由吸收前的浅红色逐渐变成无色，随着 $NH_3 \cdot H_2O$ 的逐渐滴入，溶液的颜色又由无色变成浅绿色，这样就能保证蒸馏出的 NH_3 没有损失，并确保了实验结果的准确性。④滴定是整个实验过程中的最后一个步骤。关键是要控制好滴定的速度，观察好滴定过程中溶液的颜色变化。⑤当样品中脂肪含量过高时，要增加硫酸的量，因消化时脂肪消耗硫酸量大，使硫酸缺少而不能生成硫酸铵，造成氮损失。

（二）双缩脲测定法

双缩脲是由两分子尿素经 180℃加热缩合而成的化合物，它在碱性的溶液中能与硫酸铜反应生成红紫色络合物，称为双缩脲反应。由于蛋白质中所含的肽键与双缩脲结构相似，因此也可发生双缩脲反应，并生成红紫色的络合物。络合物的颜色深浅与蛋白质浓度成正比，且在540nm处的吸光度值与蛋白质含量呈线性关系。此法测定范围为1～20mg蛋白质。

（三）Folin-酚试剂法（Lowry法）

该方法是双缩脲反应的发展，它结合了双缩脲法中铜盐反应和Folin试剂反应。它包括两步反应：第一步是在碱性条件下蛋白质中的肽键与铜试剂起显色反应，生成蛋白质-铜络合物；第二步是蛋白质-铜络合物上的酪氨酸和色氨酸等芳香族氨基酸残基将磷钼酸-磷钨酸试剂（酚试剂）还原，生成深蓝色的化合物。在一定的条件下，蓝色的深浅与蛋白质含量呈正比。此法也适用于酪氨酸和色氨酸的定量测定。此法适于20～250μg微量蛋白质的测定，可检测的最低蛋白质量达5μg。

在测定时应注意：①加入Folin-酚试剂要小心，因其仅在酸性条件下稳定，但上述的还原反应只在pH 10时才发生，因此加酚试剂时必须立即混匀，以便在磷钼酸-磷钨酸试剂被破坏前即能发生还原反应，否则会使显色程度减弱而影响实验结果的准确性。②酚类和柠檬酸、硫酸铵、Tris缓冲液、甘氨酸、糖类、甘油、还原剂（二硫代苏糖醇、巯基乙醇）、EDTA、尿素均会有干扰反应，因此必须作校正曲线。

（四）紫外吸收法

大多数蛋白质分子中含有酪氨酸、色氨酸和苯丙氨酸等残基，由于这些氨基酸中的苯环含有共轭双键，使蛋白质具有吸收紫外光的能力。吸收高峰在280nm波长处。在一定条件下，蛋白质溶液在280nm处的吸光度与其浓度成正比，因此紫外吸收法可用于蛋白质定量测定。最常用的紫外吸收法是280nm处的光吸收法。对含有核酸的蛋白质溶液，因核酸在280nm处的吸光度是蛋白质的10倍，因而造成实验干扰。但是核酸在260nm下的紫外吸收更强，其吸光系数是280nm处的2倍，而蛋白质则相反。因此，应使用280nm和260nm的吸收差法较好，其蛋白质浓度的经验公式为：

$$蛋白质浓度(mg/ml)=1.45\times A_{280}-0.74\times A_{260}$$

对蛋白质的稀溶液，由于蛋白质含量低而不能使用280nm处的光吸收测定时，可采用215nm与225nm的吸收差法。即分别测定215nm处与225nm处的吸光度值，通过标准曲线来测定蛋白质稀溶液的浓度。

（五）考马斯亮蓝法

考马斯亮蓝可分为R型和G型两类，每个分子含有两个磺酸基团，本身偏酸性，该基团可与蛋白质的碱性基团结合形成染料-蛋白质复合物，此时染料的最大吸收峰由465nm变为595nm，溶液也由棕黑色变为蓝色。在595nm下测定的吸光度值与蛋白质浓度呈正比。该法不仅可用于蛋白质含量测定，也可用于电泳后蛋白质条带的染色。该法的灵敏度较高，是实验室常用的方法。但是实验必须在1h内完成，不然测试结果不准确。在蛋白浓度为0.01～1mg/ml时，蛋白质含量与吸光度值呈正比。

尽管测定蛋白质的方法有很多种，但是每种方法都有其优缺点，因此我们要在了解各种方法的基础上，根据不同的情况选用合适的方法，以满足不同的需求。

二、蛋白质的定性鉴定

纯化后的蛋白质还需要定性分析，包括蛋白质相对分子质量、等电点、纯度，氨基酸序列的测定等。

（一）蛋白质相对分子质量测定

电泳技术是根据蛋白质的分子质量、形状及所带电荷的不同，在外加电场的作用下产生不同的迁移速度，从而对样品进行分离鉴定的一种技术手段。电泳根据支持介质的不同，可分为纸电泳、醋酸纤维素薄膜电泳、琼脂糖凝胶电泳、聚丙烯酰胺凝胶电泳（PAGE）和十二烷基磺酸钠-聚丙烯酰胺凝胶电泳（SDS-PAGE）。从蛋白质的分离效果上看，十二烷基磺酸钠-聚丙烯酰胺凝胶电泳最为灵敏。蛋白质电泳结束后，应对其蛋白质条带进行染色，常用的有考马斯亮蓝染色、银染及荧光染色等。其中考马斯亮蓝染色最为常用，但是灵敏度较银染差。各种不同的电泳技术在蛋白质鉴定中的用途、操作方法及优缺点详见“第三章　电泳技术”。

（二）蛋白质等电点测定

蛋白质等电点是蛋白质的最为重要的特征之一。测定蛋白质的等电点对于了解该种蛋白质的理化性质和对于设计纯化该蛋白的策略具有重要的帮助。根据蛋白质的等电点这一特性，目前应用的最为广泛的是等点聚焦电泳技术。

等点聚焦电泳是以聚丙烯酰胺凝胶、琼脂糖凝胶或葡聚糖凝胶为支持物，在凝胶中加入的载体为两性电解质（多为脂肪族氨基酸和多羧基类混合物），可以在电场中自然形成负极为碱性的连续线性 pH 梯度。蛋白质分子在这一连续线性 pH 梯度电场中电泳时，在大于其等电点的 pH 环境中以阴离子形式向正极移动，在小于其等电点的 pH 环境中以阳离子的形式向负极移动，最后在其等电点的相应位置聚焦，由此可以测定某种蛋白质的等电点。等点聚焦电泳的具体操作过程详见“第三章　电泳技术”。

（三）蛋白质纯度分析

蛋白质经过分离纯化后必须进行纯度的鉴定。由于经纯化后的杂质蛋白含量相对较低，当低于分析方法的检测极限时，就很难从蛋白质样品中检测出来，正因如此，当样品的纯度要求越高，应采用不同的检测方法从多角度来证实样品的纯度。

常用蛋白质纯度检测方法有物理化学法和分析化学法。物理化学法包括溶解度分析、电泳、超速离心沉降、液相色谱等。分析化学法包括免疫学活性和生物活性检测等。

（肖　曼　王小英）

实验九　血清蛋白的分离与提纯

一、实验目的

1. 掌握盐析法分离血清白蛋白和球蛋白的原理及操作方法。
2. 掌握葡聚糖 G-25 凝胶过滤去盐的原理和操作方法。

二、实验原理

在一定浓度的中性盐作用下，蛋白质颗粒失去电荷和水膜，则沉淀析出。这时所获得的蛋白质沉淀能保留蛋白质原来的性质。各种蛋白质在不同浓度的盐溶液中，其溶解度不同。例如球蛋白不溶于半饱和的硫酸铵溶液，在半饱和硫酸铵溶液中沉淀析出；而白蛋白则溶于半饱和的硫酸铵溶液，但不溶于饱和硫酸铵，在饱和的硫酸铵溶液中才沉淀析出，因此可以利用不同浓度的硫酸铵将血清或其他混合蛋白液中的白蛋白与球蛋白分离。

获得的蛋白质沉淀可以用葡聚糖 G-25 凝胶过滤去盐，其原理参见第四章实验七。收集到的蛋白质用醋酸纤维素薄膜电泳进行鉴定。

三、仪器和试剂

1. 仪器

2.5cm×20cm 色谱柱、电泳仪、电泳槽、吸管、漏斗、定量滤纸、玻璃棒、试管、试管架、烧杯。

2. 试剂

(1) 血清、葡聚糖 G-25、醋酸纤维素薄膜、浓缩剂、0.9% NaCl 溶液、pH 8.6 的 0.075mol/L 巴比妥缓冲液、20%磺基水杨酸溶液。

(2)饱和硫酸铵溶液：称$(NH_4)_2SO_4$ 400～425g，以 50～80℃之蒸馏水 500ml 溶解，搅拌 20min，趁热过滤。冷却后以浓氨水(15mol/L NH_4OH)调 pH 至 7.4。配制好的饱和硫酸铵，瓶底应有结晶析出。

(3)纳氏试剂贮存液：在 500ml 三角烧瓶中加入碘化钾 75g、碘 55g、蒸馏水 100ml、汞 75g，将瓶浸在冷水中用力振荡，直至棕红色的碘转变成绿色的碘化钾汞溶液为止，将溶液全部倾入 1000ml 的量筒中(多余的汞弃去)，再用蒸馏水稀释至 1000ml 刻度处，贮备待用。

(4)纳氏试剂应用液：取纳氏试剂贮存液 150ml 及蒸馏水 150ml 放入 1000ml 三角烧瓶中，再加入 10% NaOH 溶液 700ml，摇匀后静置一天，取上层清液备用。

四、实验步骤

1. 凝胶的处理

商品凝胶是干燥的颗粒，使用前需在水中溶胀，溶胀必须彻底，否则会影响色谱的均一性。故在实验前先称取 5g 葡聚糖 G-25 于烧杯中，再加入 5～10 倍水沸水浴1～2h，让其充分溶胀或自然溶胀 24h 以上，经这样处理的凝胶才能准备装柱。

2. 沉淀球蛋白

取 1∶2 稀释血清 2ml，于搅拌下逐滴加入饱和硫酸铵溶液 2ml，静置 10min 后过滤。取沉淀备用。

3. 装柱

用 0.9% NaCl 溶液将凝胶调成稀薄的浆状液，盛于烧杯中，然后在轻微地搅拌下使凝胶缓慢地沉降于 2.5cm×20cm 的柱内，松开流出口夹子，让其自然沉降，凝胶加至柱床体积约占柱长的 2/3 为止，盖上一小圆形滤纸，以防加样时冲散凝胶表面，夹住流出口的橡皮管。

4. 加样、洗脱

取实验步骤 2 制得的沉淀物（样品），加大约 1ml 0.9%NaCl 溶解，待柱床顶部的 0.9% NaCl 溶液（洗脱液）尚残留少许时，将溶解的样品缓慢加入，松开流出口夹子，当样品全部进入柱后，可先加入少量洗脱液冲洗粘附在柱壁上的样品，然后再加洗脱液洗脱，用 20%磺基水杨酸检测流出液中有无蛋白质，以及时收集含蛋白质的洗出液。

5. 盐（NH_4^+）的检查

取少量收集的流出液，用纳氏试剂检测有无 NH_4^+，并及时收集之。

6. 电泳鉴定蛋白质成分

将收集的蛋白液 2～3 滴加浓缩剂 1 粒，当浓缩至蛋白液将干时，用微量 CAM 电泳法检测蛋白质的成分。

五、注意事项

1. 饱和硫酸铵必须逐滴加入，边加边搅拌，以防止形成团块或降低沉淀的特异性。

2. 处理凝胶期间，必须小心用倾泻法除去细小颗粒。这样可使凝胶颗粒大小均匀，流速稳定，分离效果好。

3. 装柱是层析操作中最重要的一步。为使柱床装得均匀，务必做到凝胶悬液不稀不薄，一般浓度为 1∶1，进样及洗脱时切勿使柱床面暴露在空气中，不然柱床会出现气泡或分层现象；加样时必须均匀，切勿搅动柱床面，否则均会影响分离效果。

六、思考题

影响盐析的因素有哪些？

（王小英　肖　曼）

实验十　考马斯亮蓝染色法测定蛋白质含量

一、实验目的

1. 熟悉考马斯亮蓝 G-250 染色法测定蛋白质含量的原理和操作方法。

2. 掌握标准曲线法测定蛋白质的含量。

二、实验原理

考马斯亮蓝 G-250(Coomassie brilliant blue G-250)测定蛋白质含量属于染料结合法的一种。考马斯亮蓝 G-250 在游离状态下呈棕红色，当它与蛋白质通过疏水作用结合后变为蓝色，游离状态下最大光吸收波长为 465nm，结合状态下最大光吸收波长为 595nm。在一定蛋白质浓度范围内(0.01～1.0mg/ml)，蛋白质-色素结合物在 595nm 波长下的吸光度与蛋白质含量成正比，故可用于蛋白质的定量测定。蛋白质与考马斯亮蓝 G-250 的结合在 2min 左右的时间内达到平衡，完成反应十分迅速，同时其结合物在室温下 1h 内保持稳定。该法试剂配制简单，操作简便快捷，反应非常灵敏，灵敏度比 Lowry 法还高 4 倍，可测定微克级蛋白质含量，是一种常用的微量蛋白质快速测定方法。

三、仪器和试剂

1. 仪器

722 型可见分光光度计、旋涡混合器、试管、吸量管、坐标纸等。

2. 试剂

(1)0.9% NaCl 溶液：准确称取 NaCl 0.9g，用蒸馏水溶解并稀释至 100ml。

(2)1% BSA 溶液(贮存液)：准确称取牛血清白蛋白 1g，加 0.9% NaCl 溶液溶解并稀释至 100ml。

(3)0.1mg/ml 标准蛋白溶液：取 1% BSA 溶液 1ml，加 0.9% NaCl 溶液 99ml。

(4)考马斯亮蓝 G-250 溶液：准确称取考马斯亮蓝 G-250 100mg，溶于 95%乙醇 50ml，加入 85%磷酸 100ml，用蒸馏水稀释至 1000ml。

(5)待测血清。

四、实验步骤

1. 稀释血清(1∶100)　取待测血清 0.1ml，加入 0.9% NaCl 溶液至 10ml，混匀，备用。

2. 取大试管 6 支，编号，按表 5-4 所示加入试剂。

各管混匀后，在波长 595nm 处以 1 号管为空白进行比色，记录各管的吸光度(A)值。

表 5-4　标准曲线的制作及待测样品的测定

单位：ml

加入物＼管号	1	2	3	4	5	6
标准蛋白溶液	0	0.2	0.4	0.8	1	—
稀释血清(1∶100)	—	—	—	—	—	0.1
0.9% NaCl	1	0.8	0.6	0.2	—	0.9
考马斯亮蓝 G-250	4	4	4	4	4	4
标准蛋白终浓度/(g/100ml)	0	0.002	0.004	0.008	0.01	

3. 绘制标准曲线

以标准蛋白(1～5 管)终浓度为横坐标，相应的吸光度(A)为纵坐标，绘制标准曲线。

4. 计算血清蛋白浓度

根据待测管的吸光度(A)，利用标准曲线在横坐标上查得相应的数值，并代入下列公式计算待测血清的蛋白质浓度。

$$血清白蛋白浓度(g/L)=标准曲线查得值\times 10^3$$

五、注意事项

1. 考马斯亮蓝 G-250 溶液必须贮存在棕色瓶内，此液可长期保存，但如果变成蓝绿色，则不能使用。

2. 本法测定的蛋白质浓度在 0.01～0.1g/ml，如果浓度大，应稀释后再进行测定。

六、临床意义

在正常情况下，血清总蛋白含量比较稳定。新生儿血清总蛋白浓度可比成人低 5～8g/L，60 岁以上的老年人约比成人低 2g/L。在某些病理情况下，血清蛋白浓度可出现变化。例如，严重腹泻、呕吐，高热时急剧失水，血清总蛋白浓度可明显升高；多发性骨髓瘤患者球蛋白合成增加；患消耗性疾病，例如甲状腺功能亢进、恶性肿瘤等，均可造成血清蛋白浓度降低；严重烧伤、大量失血、肾病综合征时大量蛋白尿时，血清总蛋白浓度降低。

七、思考题

1. 测定蛋白质含量还有哪些方法？并简要说明其原理。

2. 考马斯亮蓝 G-250 染色法测定蛋白质含量有什么优缺点？

（王小英　肖　曼）

实验十一　紫外吸收法测定蛋白质含量

一、实验目的

掌握紫外分光光度法测定蛋白质浓度的原理及方法。

二、实验原理

蛋白质在 260～280nm 及 200～225nm 两个紫外区波长段都具有光吸收，它们分别有赖于色氨酸和酪氨酸残基的共轭双键和肽键，而且后者的光吸收要比前者的光吸收强 10～30 倍。在 pH 6～8 时，在一定的浓度范围内，蛋白质溶液的吸光度与其浓度成正比，故可以进行蛋白质含量的测定。由于生物样品中常混有核酸，核酸在 280nm 处也有较强的光吸收，但其在 260nm 处的光吸收比 280nm 处的光吸收更强，而蛋白质的情况正好相反，280nm 处的光吸收比 260nm 处的光吸收强，因此可利用两个波长下的吸光度予以校正。可用各种蛋白质和核酸不同比例的混合样品推算出的经验公式计算蛋白质的浓度。

Lowry-Kalckar 公式：

蛋白质浓度(g/L)$=1.45A_{280}-0.74A_{260}$

Warburg-Christian 公式：

蛋白质浓度(g/L)$=1.55A_{280}-0.76A_{260}$

将 280nm 处的吸光度与 260nm 处的吸光度各乘以系数，相减后即为接近的蛋白质浓度。A_{280}与A_{260}分别代表光径为 1cm 时 280nm、260nm 处的吸光度。

对于稀蛋白质溶液(0.02～0.10g/L)，可用 215nm 和 225nm 处的吸光度差来测定其浓度。Waddell 提出的经验公式适用于此短波紫外区的光吸收。

Waddell 经验公式：

蛋白质浓度(g/L)$=0.144\times(A_{215}-A_{225})$

三、仪器和试剂

1. 仪器

752 型紫外分光光度计、试管、吸量管。

2. 试剂

(1)0.15mol/L NaCl 溶液：精确称取 NaCl 8.766g，溶于 1000ml 容量瓶中，用蒸馏水定容。

(2)标准蛋白质溶液(60～70g/L)、标准蛋白质应用液Ⅰ(1g/L)、标准蛋白质应用液Ⅱ(0.1g/L)、待测血清。

四、实验步骤

1. 绘制标准曲线

按表 5-5 所示加入试剂。

混合各管，用光径为 1cm 石英比色杯，在 280nm 处以 1 号管校正零点和 100%，读取各管吸光度。以蛋白质浓度为横坐标，吸光度值为纵坐标，绘制标准曲线。

表 5-5　紫外分光光度法制备标准曲线

单位：ml

加入物＼管号	1	2	3	4	5	6
标准蛋白质应用液Ⅰ(1g/L)	—	0.5	1	2	3	4
0.15mol/L NaCl	4	3.5	3	2	1	—
蛋白质浓度/(g/L)	0	0.125	0.25	0.5	0.75	1

2.280nm 光吸收法

将待测血清用 0.15mol/L NaCl 溶液作 100 倍稀释，以0.15mol/L NaCl 溶液校正零点和 100%，读取 280nm 处吸光度，查标准曲线，得到对应的浓度，再乘以稀释倍数 100 得到血清蛋白质的真实浓度。

3.280nm 与 260nm 光吸收差法

用 0.15mol/L NaCl 溶液将血清作 100 倍稀释，选用光径为 1cm 的石英比色杯，分别在 280nm 和 260nm 波长两处测定溶液的吸光度，根据 Lowry-Kalckar 公式或 Warburg-Christian 公式计算此溶液的蛋白质浓度，再乘以稀释倍数 100 得到血清蛋白质的真实浓度。

4.215nm 与 225nm 光吸收差法

取标准蛋白质应用液Ⅱ(0.1g/L)，按上法绘制标准曲线。各管蛋白质浓度相应为 0g/L、0.0125g/L、0.025 g/L、0.050 g/L、0.075 g/L、0.100 g/L。分别读取各管 215nm 和 225nm 处吸光度，以 $A_{215}-A_{225}$ 作纵坐标，以蛋白质浓度作横坐标。

用 0.15mol/L NaCl 溶液将血清作 1000 倍稀释，选用光径为 1cm 的石英比色杯，分别在 215nm 和 225nm 波长两处测定溶液的吸光度，求得 $A_{215}-A_{225}$，然后查标准曲线或根据 Waddell 公式计算此溶液的蛋白质浓度，再乘以稀释倍数 1000 得到血清蛋白质的真实浓度。

五、注意事项

1.260～280nm 紫外法对测定蛋白质中酪氨酸和色氨酸含量差异较大的蛋白质溶液，有一定的误差。

2.本法需用高质量石英比色杯，因玻璃可吸收紫外线。

3.紫外分光光度计使用前需对其波长进行校正。

4.注意溶液 pH 值，这是由于蛋白质的紫外吸收峰会随 pH 的改变而变化。

5.紫外吸收法测定蛋白质含量受非蛋白质因素的干扰严重，除核酸外，游离的色氨酸、酪氨酸、尿酸、核苷酸、嘌呤、嘧啶和胆红素等均有干扰。

六、临床意义

本实验的临床意义与本章的实验十相同。

七、思考题

紫外吸收法测定蛋白质有何优点？受哪些因素的影响？

（王小英　肖　曼）

第六章　酶学分析技术

酶是生物体内重要的维持正常代谢的生物大分子，是由活细胞产生的具有催化活性的蛋白质和核糖核酸。生物体内绝大多数酶的化学本质是蛋白质。生物体内各种物质的代谢都是在酶的催化下完成的，酶的异常可导致代谢障碍，引起疾病。因此，酶学分析在研究酶与疾病的关系、疾病的临床诊断以及治疗中具有重要意义。

第一节　酶分离纯化的基本原则及方法

酶学研究的基础是酶的分离纯化。由于酶的种类繁多，性质各异，分离纯化方法不尽相同，即便是同一种酶，也因其来源不同，酶的用途不同，而使分离纯化的步骤不一样。酶的分离纯化过程与一般的蛋白质纯化过程的原则基本相同，但是又具有其独特性：①整个分离纯化过程难免会使酶所处的温度、pH 值、压力等发生变化，或接触有机溶剂，这些操作都可能引起酶结构的变化及酶失活，这将使纯化工作失去意义。因此，随着目标酶逐渐纯净，杂蛋白逐渐移除，溶液中的蛋白质浓度逐渐下降，蛋白质间的保护作用减弱，酶的稳定性也随之下降。在提纯的过程中通过测定酶的催化活性可以比较容易跟踪酶在分离提纯过程中活性状况的改变。酶的催化活性的变化可以作为选择分离纯化方法和操作条件的指标，因此说，在整个酶的分离纯化过程中，始终要测定酶活性，从而确定纯化步骤的取舍。②根据酶的用途来制定不同的分离纯化方案。例如，工业上用的酶一般无需高度纯化，如用于洗涤的蛋白酶，实际上只需经过简单的提取分离即可。而食品工业用酶，则需要经过适当的分离纯化，以确保安全卫生。对于医药用酶，特别是注射用酶及分析测试用酶，则必须经过高度的纯化或制成晶体，而且绝对不能含有热源物质。酶的分离纯化步骤越复杂，酶的收率越低，材料和人力消耗越大，成本就越高，因而在符合质量要求的前提下，应尽可能采用步骤简单、收率高、成本低的方法。

因此，在实践工作中，首先应对被纯化的酶的理化性质（如溶解度、相对分子质量、稳定性和解离时电学性质等）有一个比较全面的了解，这样就可以知道在分离纯化时可以选用哪些方法和条件，避免哪些处理，从而得到好的纯化效果；其次，始终以测定酶活性为标准，来判断采用的方法和条件是否得当。一个好的方法应比活力高，总活力回收多，重复条件好。再者，要严格控制操作条件，因为随着酶的逐步纯净，杂蛋白的含量逐步降低，蛋白质之间的相互作用力随之下降，酶活性更不稳定，因此，更要防止酶变性。

一、分离纯化酶的原则

1. 酶的储存及所有的操作都必须在低温条件下进行，即在酶的提取过程中所用的溶液及器皿都应事先预冷。一般选择4℃左右。

2. 酶处于合适的缓冲体系中，这样可以避免操作过程中pH值的剧烈变化。酶作为两性电解质，其结构受pH值的影响。大多数酶在pH>10或pH<4的情况下不稳定，应控制整个系统不要过酸、过碱，也要避免在调整pH值时产生局部酸碱过量。

3. 酶的分离纯化的目的是将酶以外的所有杂质尽可能地除去，因此，在不破坏所分离酶的条件下，可使用各种"激烈"的手段。由于酶和它的底物及其类似物、抑制剂等具有高的亲和性，根据这一特性发展了各种亲和分离的方法。同时，在纯化过程中添加这些物质，也往往会使酶的理化性质和稳定性发生一些有利的变化。

4. 重金属离子可能导致酶的失效，加入适量的螯合剂有利于保护蛋白酶，避免重金属离子导致的变性。

5. 微生物污染及蛋白酶的存在都可以导致酶被降解破坏。可以通过无菌处理或过滤除去其中的微生物，也可以在酶液中添加防腐剂，如叠氮钠等，同时为了防止蛋白质被蛋白酶降解，可以加入蛋白酶抑制剂，如丝氨酸蛋白酶和巯基蛋白抑制剂苯甲基磺酰氟化物(PMSF)、金属蛋白水解酶的抑制剂EDTA、胃蛋白酶的抑制剂胃酶抑素A(pepstatin A)等，这些蛋白酶抑制剂根据提取的情况可以混合使用。

6. 酶与其他蛋白质一样，容易在溶液表面或界面处形成薄膜而变性，故在操作时要尽量减少泡沫的形成，如需搅拌则必须缓慢。

7. 酶蛋白质溶液浓度低，为了避免酶失活，经常非特异性吸附在溶液中加入高浓度的其他蛋白质，如牛血清白蛋白(BSA)。其作用为：玻璃容器等的表面已经纯化了的蛋白酶可以($5m^2$的玻璃表面可吸附$1\mu g$蛋白质)，因此加入BSA等蛋白质可以大大降低这一作用。通常在酶活性测定中可加入0.1mg/ml BSA，而在蛋白质储存液中则可加入10 mg/ml BSA。

二、酶分离纯化的一般步骤

酶的分离纯化一般包括三个基本步骤，即抽提、纯化、结晶或制剂。首先将所需的酶从原料中引入溶液，此时不可避免地夹带着一些杂质，再将此酶从溶液中选择性地分离出来，或者从此溶液中选择性地除去杂质，然后制成纯化的酶制剂。

(一) 酶原料的选择

为了使纯化过程容易进行，通常选择目的酶含量丰富的原料。当然也要考虑原料的来源、取材、经济等因素。例如，分离纯化超氧化物歧化酶(SOD)时，尽管其在动物肝、肾、心等器官内含量丰富，而血液中含量较少，但考虑到取材容易、价廉及预处理方便等因素，实际应用中还是选择红细胞作为原料。目前，可利用细胞培养技术和基因工程重组技术将某些在细胞中含量极微的酶在体外大规模地培养，进而获得大量的珍贵原材料，进行酶的分离纯化。

(二) 生物材料的破碎方法

各种生物组织的细胞有着不同的特点，要根据具体情况选用适宜的办法破碎细胞。细胞破碎的方法很多，简要归纳为机械破碎、物理破碎、化学破碎和酶法破碎四大类。各种破碎方法的优缺点已在"第五章 蛋白质分析技术"中详细叙述。应根据细胞的特点、酶的性质及处理量的不同来选取合适的破碎方法。

（三）酶的提取

酶的提取是指在一定的条件下，用适当的溶剂或溶液处理含酶原料，使酶充分溶解到溶剂或溶液中的过程，也称为酶的抽提。酶提取时首先应根据酶的结构和溶解性质，选择适当的溶剂。典型的抽提液由离子强度调节剂、pH 缓冲剂、温度效应剂、蛋白酶抑制剂、抗氧化剂、重金属络合剂、增溶剂几部分组成。其中缓冲剂常用 20～50μmol/L 的磷酸缓冲液（pH 7.0～7.5）或 0.1μmol/L Tris-HCl（pH 7.0～7.5），或用含有少量缓冲液的 0.1μmol/L KCl。必要时，缓冲液中可以加入 EDTA（1～5μmol/L）、巯基乙醇（3～20μmol/L）或蛋白质稳定剂等来避免酶的变性。焦磷酸钠溶液和枸橼酸钠缓冲液，由于有助于切断酶和其他物质的联系，并有整合某些金属的作用，因此用得也很多。

但是，在抽提时应注意：在细胞破碎时，某些亚细胞结构也往往受到损伤，这样就可能令抽提系统存在各种不稳定因素。因此，有时在抽提液中还需要加入某些物质。例如，加入蛋白酶抑制剂，以防止蛋白酶破坏目的酶；为防止氧化，加入 Lys 或维生素 C、惰性蛋白及底物等。当细胞壁（膜）破碎以后，溶酶一般不难抽提；至于膜结合酶，其中有的结合不太紧密，在颗粒结构受损时就能释放出来。例如，α-酮戊二酸脱氢酶、延胡索酸酶，可用缓冲液抽提出来；CytC 可用 0.145mol/L 的三氯乙酸溶液抽提出来。那些和颗粒紧密结合的酶，常以脂蛋白络合物形式存在，其中有的在做成丙酮粉以后，就可以抽提出来，有的却要使用强烈的手段，如正丁醇等处理。正丁醇兼有高度的亲脂性和亲水性（特别是磷酸盐），能破坏蛋白间的结合，使酶（如琥珀酸脱氢酶）进入溶液。近年来，广泛采用表面活性剂，如胆脂酸盐、Triton、吐温、Teepol、十二烷基磺酸钠等，抽提呼吸链酶系。链霉菌葡萄糖异构酶抽提时，向菌体悬浮液中加入 0.1%十二烷基吡啶氯化铵，酶的抽出率提高了 7 倍。此外，有时使用促溶剂，如高氯酸。有时还用酶（如脂肪酶、核酸酶、蛋白酶等）处理。

（四）酶分离纯化

酶的提纯手段一般都是依据酶的分子大小、形状、电荷性质、溶解度、专一结合位点等性质而建立的。要得到纯酶，往往需要将各种方法联合使用。这些方法的使用范围及原理详见第五章。各种纯化酶的方法都有其优缺点。在设计某一酶的纯化路线时，应考虑各种因素对选用的纯化方法及先后次序的影响。对目标酶而言，可以有多种纯化方法，实际采用何种方法要看：①制备的规模和所要求的酶的产量；②允许用于制备的时间；③实验室可利用的人员和设备。

（五）酶的浓缩

提取液或发酵液的蛋白酶浓度一般很低，如发酵液中蛋白酶浓度一般为 0.1%～1%。因此，在分离纯化过程中，酶溶液往往需要浓缩。浓缩的方法很多，如盐析或溶剂沉淀法、超滤法、离子交换树脂法、真空浓缩法、冷冻浓缩法、蒸发法、凝胶吸水法、聚乙二醇吸水法等等，其中，盐析或溶剂沉淀法、超滤法、离子交换树脂法等方法既是浓缩的方法，又是分离纯化的手段。

抽提得到的提取液中目标酶浓度往往很低，如果要得到一定数量的纯酶，需要处理的抽提液的体积比较大，不便操作。通过浓缩（concentration）可以提高酶的浓度，还可以提高每一步的回收率，同时酶和蛋白质在浓缩溶液中的稳定性也较高。常用的浓缩方法有以下几种：

1. 减压蒸发

是采用抽气减压装置使待浓缩酶液在一定真空度下，在 60℃ 以下的温度进行浓缩的一种方法。由于酶在高温下不稳定，容易变性失活，因此减压蒸发可以在较低温度下使溶液中部分溶剂气化蒸发，从而达到浓缩的目的。一般实验室蒸发浓缩多用旋转加压蒸发仪。工业生产上应用较多的是薄膜蒸发浓缩，即将待浓缩的酶溶液在高真空度的条件下变成极薄的液膜，并使之与大面积热空气接触，可在较短时间内令水分蒸发而酶较少失活。此法可以连续操作。

2. 超滤

这是浓缩蛋白质的重要方法。超滤是在加压的条件下，将酶溶液通过一层只允许小分子物质透过的微孔半透膜，而酶等大分子物质被截留，从而达到浓缩的目的。近年来国外已经生产各种型号的超滤膜，可以用来浓缩相对分子质量不同(250～300000)的蛋白质。

3. 沉淀法

指用盐析法或有机溶剂将蛋白质沉淀，再将沉淀溶解在小体积的样品溶液中。这种方法往往造成蛋白酶的损失，令酶变性失效；优点是浓缩的倍数可以很大，同时因为各种蛋白质的沉淀范围不同，也能达到初步纯化的目的。

4. 渗透浓缩法

将蛋白质溶液放入透析袋中，然后在密闭容器中缓慢减压，水及无机盐流向膜外，蛋白质即被浓缩；也可用聚乙二醇(PEG)涂于装有蛋白质的透析袋上，置于 4℃下，干粉 PEG 吸收水分和盐类，大分子溶液即被浓缩。此方法快速有效，但一般只能用于小量样品，而且成本很高。

5. 反复冻融法

此法的原理是溶液相对纯水会发生融点升高、冰点降低的现象。实施时可采用两种方式进行：一种是先将溶液冻成冰块，然后使之缓缓融解，这样，几乎不含蛋白质和酶的冰块就将浮于液面，而酶等则融解并集中于下层溶液(至原体积的 1/4 左右)；另一种则是先让酶溶液缓缓冻融，然后移去形成的冰块。冻融浓缩的主要问题有：浓缩过程中可能会发生离子强度与 pH 值的变化，从而导致酶失活；其次是需要大功率的制冷设备。

6. 冷冻干燥法

将酶溶液冻成固体后抽真空，使水分子直接从表面升华，最后酶呈干粉状。采用这种方法能使多种酶活性长期保存。但操作时需注意几个问题：首先，被冻的最好是酶的水溶液。如果混有有机溶剂，会降低水的冰点，在干燥时样品融化而起泡，导致酶变性，同时，会使真空泵失效。其次，如果混有磷酸盐，在冷冻干燥时会引起 pH 的变化，例如，pH 7 的磷酸盐在冷冻时由于磷酸二氢钠会结晶析出，在溶液完全冷冻以前，pH 便变成 3.5 左右，因此，在冷冻前，需将酶溶液脱盐。

(六) 酶的纯度检验

酶纯化的目标是使酶制剂具有最大的催化活性和最高的纯度。经分离纯化的酶，应设法检验其纯度，以了解是否有进一步纯化的必要。许多分离方法都可用于检验酶的纯度(表 6-1)。应该注意：由于酶分子结构高度复杂，由一种方法检验为均一的酶制剂，用另一种方法检验可能结果不一致，因此，酶的纯度应注明达到哪种纯度，如电泳纯、层析纯、HPLC 纯等等。其中，一般实验室常用电泳法检验酶的纯度，电泳法所用样品少(10μg 左右)，速度快

(2～4h)，仪器简单，操作也较方便。使用最多的为聚丙烯酰胺凝胶电泳。

表 6-1 一些常用的检验酶纯度的方法

方　法	缺　点
超速离心	检测少量杂质(<5%)时不太满意，当存在络合-解离体系时也会出现问题
电　泳	必须在多种 pH 值下进行，在单一 pH 值下，两种酶可能一起移动
SDS 电泳	检测与亚基相对分子质量不同的杂质的一个主要方法，对检测制备物中蛋白水解酶的水解作用非常有用，酶由不同亚基组成时，会出现多条区带
等电聚焦	检测杂质的极灵敏方法，有时当存在表观异质时，会出现假象
N-末端分析	检测只存在单一多肽链的蛋白酶，有些酶具有封闭和 N-末端，另一些酶则由二硫键连接的几条肽链组成
免疫技术	具有高度专一性，但抗血清制备较为麻烦

(七) 酶活性的检验

在酶的分离纯化过程中应注意避免变性因素导致酶活性的丢失。可通过检测酶的总活力和比活力跟踪酶的去向。检测纯化酶的催化活性时，测定条件要在最适状态，如测定体系中有足够的激活剂和辅因子，无抑制剂等，还需搞清酶在什么条件下保存较为稳定。在有些情况下需加入一些还原剂(如二硫苏糖醇、巯基乙醇)，以保证半胱氨酸侧链巯基处于还原态。在低温贮存酶时，可将酶在 50% 的甘油溶液中保存，以减少酶的失活。长期保存酶制剂时，应考虑到痕量蛋白水解酶的降解作用。

第二节 酶活力测定

酶活力(enzyme activity)也称为酶活性，是指酶催化一定化学反应的能力。酶活力的测定实际上是测定一个被酶所催化的化学反应的速度，即酶促反应速度。酶促反应速度可用单位时间内、单位体积中底物的减少量或产物的增加量来表示。其中，由于在一般的酶促反应体系中，底物往往是过量的，测定初速度时，底物减少量占总量的极少部分，不易准确检测，而产物则是从无到有，只要测定方法灵敏，就可准确测定。因此，一般以产物的增加量来表示酶促反应速度较为合适。酶活力的测定是酶的研究、生产和应用过程中不可缺少的环节。

一、酶活力测定方法

无论是酶的分离纯化还是对酶的性质进行研究，酶的活力在酶学研究中是评价酶生物学活性的重要指标，因此酶活的测定就成了必须解决的首要问题。酶的活力测定分为定性测定和定量测定。其中，定性测定是用来测定在判定某种溶液(组织液、体液、提取液)或某种组织是否含有此种酶，或者判定在某一生理变化中某种酶是否发挥其生理作用等。对于定性测定过程，需要注意酶作用的最适温度、pH、离子强度等使酶失活的条件。例如，测定唾液中的淀粉酶时，用淀粉与唾液在最适条件下作用一定时间，滴加碘液来进行显色对比，根据颜色来判断酶的存在及粗略判定酶活力的高低。尽管定性测定很粗略，但是也具有一定的参考价值。在很多酶学研究中，都需要精确地测定酶活力的变化，因此酶的定量研究越来越得到酶学研究工作者的青睐。比较常用的酶活力测定方法有：①分光光度法；②旋光法；③荧光法；④电化学方法；⑤化学反应法；⑥核素测定法；⑦量热法；⑧比色法。目前主要还是使用分光光度法。

（一）分光光度法

该法是利用底物或产物的光吸收性质不同，即在可见光或红外光谱区域有独特的光吸收，则可在酶促反应进程中测定其吸光度值，根据吸光度值的变化，来计算此段时间内产物生成量或底物消耗量的变化，进而求得反应速率。

分光光度法有以下几个显著优点：①测定范围不只局限在可见光区，还可扩展到紫外和红外光区。这就为扩大酶测定范围提供了可能性，因此该法适用于所有的氧化还原酶。②提供了寻找一类不需停止酶反应就可直接测定产物生成量或底物消耗量方法的可能性。因此，只需连续读出反应过程中的吸光度变化，即可直接了解混合物中底物或产物的变化情况。但是，必须要注意恒温控制，因为温度对酶催化反应速度影响较大。一般应控制到37±0.2℃。③不需要如比色法那样，作标准管或标准曲线，因为分光光度计使用近似单色光的光源，在此条件下，某一特定物质的吸光度为常数，即人们所熟悉的摩尔吸光度(molar absorbance)，根据此值不难计算出酶催化反应速度。④当自动化扫描分光光度计诞生后，测定过程更加快速、准确和自动化。

其缺点是需要精确带恒温装置的分光光度计，在经济不发达地区尚难推广。

（二）酶偶联测定法

当某个反应中无论是产物还是底物，都无法用分光光度计对其量的变化进行检测时，可将此反应与另一反应相偶联，利用另一反应产生的产物变化来对前一反应进行间接的酶活测定。例如，测定天门冬氨酸氨基转移酶（又称谷草转氨酶，AST）活性时，产物草酰乙酸不易直接监测。如向此反应体系中加入苹果酸脱氢酶，该酶能使产物草酰乙酸生成苹果酸，其辅酶 $NADH+H^+$ 则氧化成 NAD^+，因为 NADH 在 340nm 波长处有特异的吸收峰，而氧化型 NAD^+ 无明显光吸收。因此，在 340nm 处监测 NADH 的减少量便可计算出 AST 的活性。

催化偶联反应的酶称为偶联工具酶。对于该法的测定应注意以下两点：①偶联反应的催化速度应很迅速。②偶联工具酶应高度专一，同时加入的酶量应过量。

常用的偶联工具酶及偶联反应为：

1. 偶联 H_2O_2 的工具酶及其指示反应

临床生化测定中，葡萄糖、尿酸的测定分别可利用葡萄糖氧化酶、尿酸氧化酶等，这些工具酶可使相应底物被氧化生成 H_2O_2。H_2O_2 在过氧化氢酶的作用下，将芳香族胺色素原（邻联甲苯胺 OT、联苯胺 DAB、邻联茴香胺 ODA 和 3,3′,5,5′-四甲基联苯胺 TMB）氧化生成有色的色素，该色素变化可用分光光度法等测定。其中只有 TMB 无致癌性，并且其生色的灵敏度最高。

2. $NAD(P)^+$ 或 NAD(P)H 偶联的脱氢酶及其指示反应

许多氧化还原反应，常采用 LD、GLD、G6PD 等脱氢酶作为工具酶，它们常将底物的氢

原子去除后传递给 $NAD(P)^+$ 而形成 NAD(P)H。例如,乳酸脱氢酶(LDH)主要以 NAD^+/NADH 为辅酶;GLD 则不论来自肝或细菌,均可以 NAD^+/$NADP^+$ 或其还原型为辅酶。因 NAD(P)H 在 340nm 处有特征性光吸收,故可用分光光度法进行检测。目前利用此类反应来测定的有葡萄糖、尿素、β-羟丁酸、甘油三酯、甲醇、血氨、ALT、AST、LD、GLD、CK、ALD、G6PD 和 ICD 等。

偶联法的优点在于:操作简便,节省样品和时间,可连续测定酶反应过程中光吸收的变化。其缺点有:测定成本高;反应条件要求高,必须有恒温的紫外-可见分光光度计。

总之,不同种类的酶有不同的测定方法,实验者应根据测定的要求、实验条件及酶的种类进行酶活力测定的方法选择。

二、酶活力单位

酶活力单位是人们定义的一种酶单位,它反映在规定条件下,酶促反应在最适单位时间内生成一定量的产物或消耗一定量的底物所需的酶量。酶活力单位有以下几种表示方法:

(一)惯用单位

该方法一般由实验方法的设计者自行规定在某一特定条件下生成一定量的产物为一个酶活力单位。有的甚至直接用测得的物理量,如单位时间内吸光度值的变化($\Delta A/t$)来表示酶活力单位。

正因如此,由于同一种酶测定方法不同,因此可有不同单位定义。如 ALT 的比色测定法有金氏法、穆氏法、赖氏法三种方法。虽然原理相同,但是三种方法的单位是不同的,正常参考范围也不同。如金氏法:每 100ml 血清在 37℃与底物作用 60min,每生成 1μmol 丙酮酸为一个酶活力单位;穆氏法:1ml 血清 37℃与底物作用 60min,每产生 5μg 丙酮酸为一个酶活力单位;赖氏法:在规定条件下(血清 1ml,反应液总量 3ml,25℃,作用 1min,内径 1cm 比色杯)测定 340nm 处的吸光度减少值,每减少 0.001 为一个酶活力单位。

惯用单位这种命名方法简单、方便,省去了许多计算;但各单位对温度、时间、物质量的定义不同,导致各测定值、参考范围相差很大,彼此间无法比较,给临床实际工作带来很大的不便。

(二)国际单位

1961 年国际生物化学学会酶学委员会推荐采用国际单位来统一表示酶活性的大小,即在特定的条件下(温度可采用 25℃,pH 等条件均采用最适条件),在 1min 内能转化 1μmol 底物的酶量,或是转化底物中 1μmol 的有关基团的酶量定义为 1 个酶活力单位,以 IU 表示,常简写为 U。

$$1IU=1\mu mol/min^{-1}$$

1979 年国际生物化学协会为了使酶活力单位与国际单位制(SI)的反应速率相一致,推荐用 katal 单位,也称催量,可简写为 Kat。其定义为:在规定条件下,每秒钟催化转化 1mol 底物的酶量,这样的速度所代表的酶的活力即酶的量定义为 1 个 Kat。

$$1katal=1mol/s$$

Kat 和 U 的换算关系式为:

$$1Kat=6\times10^7IU \qquad 1IU=16.67nkatal$$

我国法定计量单位制中的酶催化单位为 katal，其对血清中的酶量而言显然过大，故常用单位为 μkatal 或 nkatal。

虽然不同酶的国际单位数相同，但是并不表示酶含量相同，这是因为每一种酶具体反应条件不同，酶的激活与抑制状态也不相同，故国际单位之间无可比性。

（三）比活力

为了度量酶纯度和活性的高低，常采用比活力（specific activity）作为酶制剂纯度的常用指标。其定义为：在特定的条件下，单位质量蛋白质或 RNA 所具有的酶活力单位数。

$$\text{酶比活力}=\frac{\text{酶活力单位}}{\text{蛋白质或 RNA 的质量}}$$

三、酶活力测定条件的优化及注意事项

测定酶活力方法所选择的测定条件应是酶促反应的最适条件，即指在所选择温度下能使酶促反应的催化活性达到最大所需的条件。众所周知，酶的活性与底物、辅因子、激活剂、变构剂种类和浓度有关。因此，为准确测定酶的活性，应考虑以下几方面的因素：

（一）方法选择

应尽可能全部采用连续监测法，少用或不用定时法。尽量减少操作步骤，以避免过多的待测样品和接触太多的容器表面而引起的误差。

（二）仪器和设备

应明确规定仪器和设备的各种性能规范，推荐使用性能符合要求或经检定合格的分光光度计、半自动或全自动生物化学分析仪及其他相应的配套设备。任何接触标本、试剂或反应混合物的表面都必须经化学清洗，去除干扰酶活性测定的一些物质，如极少量的酸、金属、去垢剂或其他复合物等。这是因为微量重金属可使酶失活，残留的表面活性剂可能抑制酶活性。因此，在酶的提取和测定过程中一定要注意分析容器或管道的污染。例如，脲酶对微量的汞离子敏感，因此所用器皿必须事先用浓硝酸处理，以去除汞离子。

（三）试剂

化学试剂必须具有一定纯度，不含影响反应速度的杂质。实验用水最好是纯水或双蒸水。如果水中存在酶的抑制剂，其浓度应低于最小抑制浓度。如所配制试剂需保存较长时间，则应使用无菌水。选用符合临床实验室要求的试剂，建议用液体双试剂。

（四）标本的采集、运输与保存的技术误差因素

1. 溶血

大部分酶在血细胞内外浓度差异明显，且酶活性远高于血清，少量血细胞的破坏就可能引起血清中酶明显升高。如红细胞内的 LDH、AST 和 ALT 活性分别较血清中的高 150、15 和 7 倍左右，故测定这些酶时，样品应避免溶血。静脉采血后，必须在 1～2h 内及时离心，将血清与血细胞、血凝块分离，以免血细胞中的酶通过细胞膜进入血清而引起误差。血细胞被分离后，因血中 CO_2 丧失极快，可使 pH 在 15min 内由 7.4 增至 8.0，对碱性敏感的 ACP 活性因而急剧下降。应避免因抽血不当或急于分离血清而引起的体外溶血。

2. 抗凝剂

草酸盐、枸橼酸盐和EDTA等抗凝剂为金属螯合剂，可抑制某些需要金属离子作为辅酶的酶活力。例如，草酸盐既可与丙酮酸或乳酸发生竞争性抑制，又能与LDH或NADH或NAD^+形成复合物，从而抑制催化的还原或氧化反应。枸橼酸盐、草酸盐对羧肽酶、胆固醇酯酶均有抑制作用。EDTA还能抑制ALP。故用上述抗凝剂分离之血浆一般不宜做酶活性测定。肝素是黏多糖，对AST和酸性磷酸酶(ACP)无影响，适于急诊时迅速分离血浆进行测定，但需注意的是肝素对血清肌酸激酶(CK)等酶有轻微抑制作用。为避免上述影响，临床上除非是测定与凝血或纤溶有关的酶活性，一般都不采用血浆而采用血清为首选测定样品。

3. 温度

血清蛋白对蛋白酶有稳定作用，如无细菌污染，某些酶如AST、LDH和ALP等于血清蛋白中可在室温下保存1～3天而活性不受影响。室温中较稳定的酶类甚至可快速邮件送检。有些酶极不稳定，如血清前列腺ACP在37℃放置1h，活性可下降50%。大部分酶在低温中比较稳定，一般至少应在血清分离后的当天进行测定，否则应放冰箱冷藏。通常测定酶样品应在低温(0～4℃)条件下使用、处理和保存，但有些酶，如ALD在低温(特别是-20℃冰冻)时，可引起不可逆性失活。个别酶，如LDH及其同工酶(LDH_4和LDH_5)在低温下反而不如在室温下稳定，即所谓“冷变性”。

(五) 其他酶和物质的干扰

由于测定样品的复杂性，反应体系中除了有参与酶活反应的成分外，可能还含有引起反应体系其他酶反应的成分，从而干扰测定结果。例如酶偶联法测ALT时，由于反应体系中含有大量NADH和LDH，可与血液标本中所含丙酮酸反应，引起340nm波长处吸光度下降，从而引起ALT活性测定误差。

同时，由于动物组织或细菌中富含多种酶，但实验用的某一种酶多是从这些组织中提取而来的，因此极易被其他的酶污染，如果不设法除去必将引起测定误差。如组织匀浆中的NADH-细胞色素C还原酶，它将干扰各种还原酶的测定，因此使用的酶制剂必须提纯。例如测AST时，被苹果酸脱氢酶所污染的AST不应超过相对量的0.005%。

(六) 非酶反应

有些底物性质非常不稳定，甚至在没有酶的作用下就会自行反应。例如，很多硝基酚的酯类衍生物在水溶液中不稳定，放置一段时间可自行水解释放出硝基酚。又如测定ALD时，其底物醛类化合物可以和NAD^+起非酶反应，产生一种具有类似NADH的吸收光谱的衍生物，从而给实验测定带来了一定的困难。

(七) 沉淀形成

沉淀形成或组织匀浆中颗粒的下沉都会引起吸光度的变化，因此在使用分光光度法测定酶活性时，常加入表面活性剂以防止颗粒从匀浆中析出。例如，常作为有些酶反应的辅因子镁离子，会与反应液中多余的磷酸根形成沉淀。

对于以上干扰，可以通过两种方法予以解决：一是通过试剂空白管加以校正；二是双试剂测定酶活性。

四、酶活力测定的步骤

根据不同酶的催化反应的特点及测定后的用途，测定酶活应包括以下几步：

1. 选择合适的检测方法

对于任何一种酶的催化反应，根据底物或产物所具有的光吸收、旋光性、电势差改变或荧光的变化等性质，选择灵敏的、便捷的检测方法，同时检测方法是否经济也很重要。

2. 底物浓度的选择

在酶活测定过程中，底物浓度对测定结果至关重要。一般采用高底物浓度测定法，测定对象一般为产物的生成量。但是此方法仅适用于该反应不会受到高底物抑制的情况。

3. 其他反应条件的选择

众所周知，测定酶活时，环境因素（pH、温度、离子强度、激活剂、抑制剂等）对测定影响很大，因此在测定过程中应选择酶活的最适的反应条件。

第三节　同工酶的测定

一、同工酶的概念

同工酶是指同一种属中由不同基因位点或复等位基因编码的多肽链所组成的单体、纯聚体或杂交体，其蛋白质分子结构、理化性质和免疫性能等方面都存在明显差异，但却能催化同一化学反应的一组酶。

同工酶存在同一种属或同一个体的不同组织或同一细胞的不同亚细胞结构中。在动、植物中，一种酶的同工酶在各组织、器官中的分布和含量不同，形成各组织特异的同工酶谱，叫作组织的多态性，体现各组织特异的功能。

大多数同工酶由于对底物亲和力不同和受不同因素的调节，常表现出不同的生理功能。例如动物肝脏的碱性磷酸酶和肝脏的排泄功能有关，而肠黏膜的碱性磷酸酯酶却参与脂肪和钙、磷的吸收。对乳酸脱氢酶（LDH）催化的酶促反应而言，心肌中富含的 LDH_1 及 LDH_2 在体内倾向于催化乳酸的脱氢，而骨骼肌中丰富的 LDH_4 及 LDH_5 则有利于丙酮酸还原而生成乳酸。同工酶只是做相同的"工作"（即催化同一个反应），却不一定有相同的结构。正是由于它具有种属特异性，因此它可使不同的组织、器官和不同的亚细胞结构具有不同的代谢特征，这对于提高疾病的辅助诊断有重要意义。表 6-2 所示是人体中几种重要的同工酶及其异常时的相关的疾病。

表 6-2　人体中几种重要的同工酶及其相关的疾病

酶	同工酶种类	相关疾病
肌酸激酶（CK）	CK-BB，CK-MB，CK-MM（CK_1，CK_2，CK_3）	心肌梗死、肌病、颅脑损伤、肿瘤
乳酸脱氢酶（LDH）	LDH_1，LDH_2，LDH_3，LDH_4，LDH_5	心肌梗死、肌病、肺梗死、肝病、肿瘤
碱性磷酸酶（ALP）	肝型，小肠型，骨型，胎盘型，肾型	肝胆疾病、骨病、妊娠、结肠炎、肿瘤
酸性磷酸酶（ACP）	红细胞型，前列腺型，溶解体型	前列腺癌、血液病、骨肿瘤
γ-谷氨酰转移酶（γ-GT）	γ-GT_1，γ-GT_2，γ-GT_3，γ-GT_4	肝癌、梗阻性黄疸
淀粉酶（AMY）	P-AMY（P_1，P_2，P_3），S-AMY（S_1，S_2，S_3，S_4）	急、慢性胰腺炎，腮腺炎

续表

酶	同工酶种类	相关疾病
氨基转移酶(ALT)	ALTs,ALTm	心肌梗死、肝病
天门冬氨酸氨基转移酶(AST)	ASTs,ASTm	心肌梗死、肝病
谷胱甘肽过氧化物酶(GP)	GP-BB,GP-LL,GP-MM(GP_1,GP_2,GP_3)	心肌梗死、脑损伤、肾病、肌病
谷胱甘肽-*S*-芳香基转移酶(GST)	GST_1 和 GST_2(GST-α),GST_3(GST-μ),GST_4 和 GST_5(GST-π)	肺癌、肝炎
血清醛缩酶(ALD)	ALD-A,ALD-B,ALD-C	肝癌、肝炎、神经细胞癌
尿 *N*-乙酰-β-葡萄糖苷酶(NAG)	NAG-A,NAG-B,NAG-I	肝病、肾病

二、同工酶的测定方法

由于同工酶(及其亚型同工型)一级结构的不同,导致其在理化性质、催化性质、生物学等方面有明显的差异,这些差异为同工酶的分析和鉴定提供了理论基础(表 6-3)。目前临床经常检测的同工酶有乳酸脱氢酶同工酶、醛缩酶同工酶、碱性磷酸酶同工酶、酸性磷酸酶同工酶、磷酸肌酸激酶同工酶和谷草转氨酶同工酶等。对同工酶分析大致可分为两步,即首先精确地分离出某酶的各同工酶组分,然后测定酶的总活性和各同工酶组分的活性。现就常见的电泳分析方法进行阐述。

根据蛋白质的等电点及分子大小不同,用电泳法来对其进行分离,再根据其催化活性的不同,利用其酶反应、工具酶偶联反应、荧光等多种方法进行区带染色后,便可在支持介质上呈现同工酶谱。

常用显色染料有偶氮染料和四唑盐等。它们易溶于水,难溶于一般的有机溶剂。例如,人工合成的萘酚或萘胺衍生物已经广泛地应用于 ALP、GGT 同工酶的测定。四氮唑盐,如硝基四唑蓝盐(NBT)、碘化硝基四唑盐(INT)、甲基噻唑四唑盐(MTT)等可广泛用于检测 LDH 同工酶。其活性显色原理是,利用脱氢酶反应产生 NAD(P)H,其中 H^+ 经 PMS 传递,交给四氮唑盐生成不溶性有色的甲臜化合物。其中 NBT 最为常用,它具有以下优点:①在局部区域染色良好。②生成的色素难以溶解。③活性显色后,呈色的区带一般用分光光度计或荧光计扫描定量分析,或将显色区带的薄膜或凝胶切割成小条或小薄片,低温下将酶条带用缓冲液浸泡洗脱,再进行比色分析,便可计算出各同工酶或亚型区带的活力。

这种电泳方法广泛地用于临床检测,其优点为:简便有效,价廉,不需特殊设备,并且一般不会破坏酶的天然状态,可广泛用于多种同工酶的分离和鉴定。但是当用电泳法进行同工酶分析时,如显示的区带数与同工酶数不一致时,要特别注意巨分子酶。巨分子酶是一类血清中出现的相对分子质量远大于正常酶分子的酶,由于相对分子质量较大因此在体内不易被排出,也不易被巨噬细胞系统吞噬而降解,又因有较长的半衰期,故在血中存留时间较长。因此,这种巨分子酶在常规生化检验中往往易引起酶活性假性增高及同工酶的改变。巨分子酶形成的原因主要有:①酶与其他蛋白质形成复合物,如 LD-β-脂蛋白复合物;②酶与免疫球蛋白形成了复合物,如 CK-BB-IgG、CK-MM-IgA、LD-IgA 等;③酶亚基或酶分子之间形成了聚合物，如 CK-Mt 聚合物、LD 亚基自身聚合等。由于巨分子酶的形成可能改变分子大小和所带电荷，从而改变电泳速度，因此，通过电泳法分离的不一定是同工酶，酶区带的数目也不一定代表同工酶的数目。总之，对于临床症状不明显、血清酶活性不正常的患者来说，同工酶图谱异常时要特别警惕血清中有无巨分子酶，不能单凭电泳图谱来进行诊断，这样会造成临床误诊。

三、同工酶的应用

同工酶的研究不仅是研究代谢调节、个体发育、细胞分化、分子遗传等方面强有力的工具，在医学方面有很高的应用价值。例如，当一些与核酸和蛋白质生物合成有关的增殖型酶增高，可为癌瘤增殖提供所需的细胞成分，同时癌瘤组织的同工酶谱也发生了胚胎化现象，即合成过多的胎儿型同工酶。倘若出现了这些变化便可初步诊断癌瘤的发生。因此，同工酶的应用在肿瘤的诊断方面起了重要手段。此外，同工酶也可较特异地作为组织损伤的分子标记物，进而反映某一脏器的病变。这是因为同工酶具有脏器特异性。在正常情况下，细胞膜对酶是不能渗透的，但是在病变和组织损伤时，细胞膜就变得可通透，致使可溶性细胞内含物，如酶等泄漏到血清中。因此，血清酶浓度常被用来检测患者是否发生了组织损伤及损伤程度等。如血清的 LDH_1（B4）或 MB 型肌酸激酶（CK-MB）增加是诊断心肌梗死较特异的指标，较测定血清 LDH 或 CK 总活力更为可靠。

同工酶的研究在其他方面也发挥了重要的作用。例如，在生物学中，同工酶可用于研究物种进化、遗传变异、杂交育种和个体发育、组织分化等。根据同工酶谱的变化来划分细胞，显然比只用形态学标准要准确得多。在农业上，同工酶分析法已用于优势细胞杂交和植物育种后是否出现新品种的鉴定。利用动物的遗传变异可通过子代和亲代同工酶谱的比较来鉴别这一原理，法医学中根据多种同工酶谱的分析来鉴定亲子关系。

（肖　曼　麦明晓）

实验十二　底物浓度对酶活力的影响
——碱性磷酸酶米氏常数的测定

一、实验目的

通过碱性磷酸酶米氏常数的测定，了解其测定方法及意义。

二、实验原理

由于酶的化学本质是蛋白质，因此，其催化活力受多种因素的影响，这些因素包括底物浓度、酶浓度、温度、酸碱度、激活剂和抑制剂等。在酶促反应中，以初速度 V 与底物浓度[S]之间的定量关系作图，将得到矩形曲线（图 6-1），说明在[S]较低时，反应速度近似与[S]成正比。但随着[S]值增高，酶不断地与底物结合直至活性中心全部为底物占据，即酶被底物饱和，此时反应速度不再上升。反应速度和底物浓度的这种关系，由 Michaelis 和 Menten 归纳为一个数学表达式，即为米-曼氏方程（Michaelis-Menten equation）：

$$V=\frac{V_{max}+[S]}{K_m+[S]}$$

式中：V_{max} 为酶促最大反应速度；K_m 称为米氏常数。

在酶学研究中，米氏常数是酶的一个特征常数，其定义是当 V 为 $1/2V_{max}$ 时的[S]值，其单位是 mol/L 或 mmol/L，它可以通过实验来确定。

V_{max} 可以从 V-[S]图中得到，再从 $1/2V_{max}$ 可求得相应的[S]值，即 K_m 值。但是，从矩形曲线上仅能取得到近似的 V_{max} 值，因而求得的 K_m 值也不是精确的（图 6-1）。为了解决这个问题，将上式的等号两边取倒数，得林-贝氏方程：

$$\frac{1}{V}=\frac{K_m}{V_{max}}\times\frac{1}{[S]}+\frac{1}{V_{max}}$$

若以 $1/V$ 对 $1/[S]$ 作图，可得一直线，将直线外推至横轴上相交，即 $1/V=0$ 时，横轴上的截距 $=-1/K_m$ 值，从而可算出 K_m 值（图 6-2）。

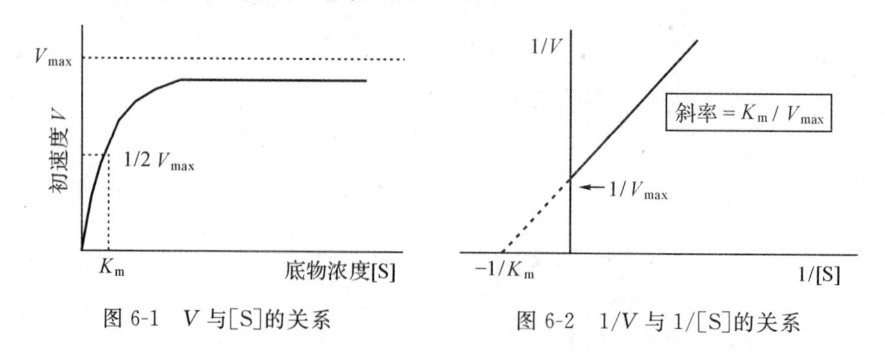

图 6-1　V 与[S]的关系　　　图 6-2　$1/V$ 与 $1/[S]$ 的关系

本实验以碱性磷酸酶为例，在 pH＝10 条件下，催化底物磷酸苯二钠，水解生成游离酚和磷酸盐，酚在碱性溶液中与 4-氨基安替比林作用，经铁氰化钾氧化生成红色醌的衍生物，根据红色深浅测出酶活力高低，反应式如下：

$$C_6H_5-O-PO_3^{2-} + H_2O \xrightarrow{\text{碱性磷酸酶}} C_6H_5-OH + Na_2HPO_4$$

$$C_6H_5-OH + \text{4-氨基安替吡啉} \xrightarrow[\text{碱性}]{K_3[Fe(CN)_6]} \text{醌类衍生物（红色）}$$

4-氨基安替吡啉

醌类衍生物(红色)

三、仪器与试剂

1. 仪器

吸管、试管及试管架、恒温水浴箱、722 型分光光度计。

2. 试剂

(1)0.1mol/L 碳酸盐缓冲液(pH 10.0)：溶解无水碳酸钠 6.30g、碳酸氢钠 3.36g、4-氨基安替比林 1.5g 于蒸馏水 800ml 中，将此溶液转入 1000ml 容量瓶内，加蒸馏水至 1000ml，于棕色瓶中贮存。

(2)0.01mol/L 磷酸苯二钠溶液(基质液)：称取磷酸苯二钠 2.18g，用蒸馏水溶解并稀释至 1000ml，此溶液应迅速煮沸以消灭微生物，冷却后加氯仿 4ml 防腐，于冰箱中保存。磷酸苯二钠如含 2 分子结晶水，应称取 2.54g。

(3)铁氰化钾溶液：分别称取铁氰化钾 2.5g、硼酸 17g，各溶于蒸馏水 400ml 中，二液混合，并加蒸馏水至 1000ml，置棕色瓶中于暗处保存。

(4)酚标准贮存液：溶解酚(AR)1g 于 0.1mol/L 盐酸中，用 0.1mol/L 盐酸稀释至 1000ml，此液含酚量约为 1mg/ml。

(5)0.1mg/ml 酚标准应用液：根据贮存液标定结果，用蒸馏水加以稀释，此液只能保存 2～3 天。

四、实验步骤

1. 取中号试管 7 支，按表 6-3 所示加入试剂。

表 6-3　不同底物浓度与反应速度的关系

单位：ml

加入物 \ 管号	1	2	3	4	5	6	0
0.01mol/L 磷酸苯二钠	0.1	0.2	0.4	0.8	1.0	—	—
0.1mol/L 碳酸盐缓冲液(pH 10.0)	1.0	1.0	1.0	1.0	0.9	1.0	1.0
蒸馏水	0.8	0.7	0.5	0.1	—	0.9	1.0

续表

加入物＼管号	1	2	3	4	5	6	0
37℃水浴中预热 5min							
血清(要求迅速、精确)	0.1	0.1	0.1	0.1	0.1	—	—
0.1mg/ml 酚标准应用液	—	—	—	—	—	0.1	—
37℃水浴下反应 15min							
铁氰化钾溶液	3.0	3.0	3.0	3.0	3.0	3.0	3.0

充分混匀，于 510nm 处比色(以 0 管调零点和 100%)。

2.计算

底物浓度[S]的计算方法如下：

$$[S]=\frac{0.01\text{mol/L}\times\text{各管加入的磷酸苯二钠的体积}}{2.0\text{ml}}$$

反应速度 V 即酚的生成量[mg 酚/(15min×100ml)]，可按下式计算：

$$V=\frac{\text{测定管吸光度}}{\text{标准管吸光度}}\times 0.1\times 0.1\times\frac{100}{0.1}$$

3.作图

(1)列表

根据不同的[S]和测得的不同 V，求出相对应的 1/[S]和 $1/V$，填入表 6-4。

表 6-4　实验数据记录与处理

管　号	1	2	3	4	5
[S]					
1/[S]					
V					
$1/V$					

(2)作图

取一张坐标绘图纸，以 1/[S]为横坐标，$1/V$ 为纵坐标作图，即求得 K_m 值。

五、注意事项

1.本实验的要点是配制不同浓度的底物磷酸苯二钠，故各管加入的 0.01mol/L 磷酸苯二钠基质液的量要准确。酶的加入量及保温时间也需要准确。铁氰化钾溶液加入也要迅速。

2.作图时，横、纵坐标比例要合理，纵坐标轴左侧的绘图纸要留有足够的空间，使所绘制的直线向下延长时能与横坐标相交。

六、临床意义

临床上测定 ALP 主要用于骨骼、肝胆系统疾病的诊断和鉴别诊断，尤其是黄疸的鉴别诊断。对于不明原因的高 ALP 血清水平，可通过测定同工酶以协助明确其器官来源。

(麦明晓　肖　曼)

实验十三　血清丙氨酸氨基转移酶(ALT)的测定(赖氏法)

一、实验目的

1.掌握血清丙氨酸氨基转移酶活力测定的基本原理。

2.了解血清丙氨酸氨基转移酶的测定方法及临床意义。

二、实验原理

丙氨酸氨基转移酶(ALT)又称谷-丙转氨酶(GPT)。它催化L-丙氨酸与L-谷氨酸之间氨基的转移反应,反应式为:

$$\text{L-丙氨酸}+\alpha\text{-酮戊二酸}\xrightarrow{\text{ALT}}\alpha\text{-丙酮酸}+\text{L-谷氨酸}$$

$$\alpha\text{-丙酮酸}+2,4\text{-二硝基苯肼}\xrightarrow{\text{碱性条件下}}\text{丙酮酸二硝基苯腙}$$

本实验以单位时间内产物丙酮酸的生成量来计算酶活,丙酮酸与起显色和终止反应作用的2,4-二硝基苯肼作用生成丙酮酸二硝基苯腙。此二硝基苯腙在强碱溶液中显红棕色,色泽深浅与产生的丙酮酸的量即酶活力成正比。利用比色分析原理将样品显色与丙酮酸标准品配制成的系列标准液比较,求出样品中ALT活性。

三、仪器与试剂

1.仪器

37℃水浴恒温装置、试管和试管架、吸管、722型分光光度计。

2.试剂

(1)0.1mol/L磷酸二氢钠溶液:称取NaH_2PO_4 12.0g(根据结晶水的不同称取相应重量),溶解于1000ml蒸馏水中,4℃保存。

(2)0.1mol/L磷酸氢二钠溶液:称取Na_2HPO_4 14.2g,溶解于蒸馏水中,并稀释至1000ml,4℃保存。

(3)0.1mol/L磷酸盐缓冲液(pH 7.4):取81ml 0.1mol/L磷酸氢二钠溶液和19ml 0.1mol/L磷酸二氢钠溶液,混匀,即为pH 7.4的磷酸盐缓冲液(可用H_3PO_4和NaOH调pH)。加氯仿数滴,4℃保存。

(4)基质缓冲液:精确称取D,L-丙氨酸1.79g、α-酮戊二酸29.2mg,先溶于约50ml 0.1mol/L磷酸盐缓冲液中,用1mol/L NaOH调pH至7.4,再用0.1mol/L磷酸盐缓冲液稀释至100ml,并加入2滴氯仿防腐,4～6℃保存,该溶液可稳定2周。(该基质缓冲液中,丙氨酸浓度200mmol/L,α-酮戊二酸浓度2.0mmol/L。)

(5)2,4-硝基苯肼贮存液:称取2,4-二硝基苯肼(AR)396mg,溶于100ml 10.0mol/L硫酸,此溶液置棕色瓶中可长期保存,室温中保存。若有结晶析出,应重新配制。

(6)2,4-硝基苯肼应用液:取2,4-二硝基苯肼贮存液10ml,用蒸馏水稀释至200ml备用。

(7)0.4mol/L NaOH溶液:称取NaOH 1.6g溶解于蒸馏水中,并加蒸馏水至100ml,置于有塞塑料试剂瓶内，室温中长期稳定。

(8)2.0mmol/L 丙酮酸标准液：准确称取丙酮酸钠(AR)22.0mg，置于 100ml 容量瓶中，加磷酸盐缓冲液至刻度。丙酮酸不稳定，开封后易变质(聚合)，相互聚合为多聚丙酮酸，需干燥后使用。

(9)待测标本：病人血清或质控血清。

四、实验步骤

1. ALT 标准曲线绘制

(1)按表 6-5 所示向各管加入相应试剂。

表 6-5　ALT 各标准管的配制方法

单位：ml

加入物＼管号	1	2	3	4	5
0.1mol/L 磷酸盐缓冲液	0.1	0.1	0.1	0.1	0.1
2.0mmol/L 丙酮酸标准液	0	0.05	0.10	0.15	0.20
基质缓冲液	0.50	0.45	0.40	0.35	0.30
2,4-二硝基苯肼应用液	0.5	0.5	0.5	0.5	0.5
混匀，37℃水浴 20min					
0.4mol/L NaOH 溶液	5.0	5.0	5.0	5.0	5.0
相当于酶活力单位(卡门氏单位)	0	28	57	97	150

(2)混匀，放置 5min，在波长 505nm 处，以蒸馏水调零，读取各管吸光度，各管吸光度均减 1 号管吸光度为该管的吸光度值。

(3)以吸光度值为纵坐标，对应的酶卡门氏活力单位为横坐标，各标准管代表的活力单位与吸光度值作图，即成标准曲线。

2. 标本的测定

(1)在测定前取适量底物溶液和待测血清，37℃水浴预热 5min 后使用。具体操作按表 6-6 进行。

表 6-6　标本测定操作

单位：ml

加入物＼管号	对照管	测定管
血清	—	0.1
基质缓冲液	0.5	0.5
混匀后，置 37℃保温 30min		
2,4 二硝基苯肼应用液	0.5	0.5
血清	0.5	—
混匀后，置 37℃保温 20min		
0.4mol/L NaOH 溶液	5.0	5.0

(2)室温放置 5min,在波长 505nm 处以蒸馏水调零,读取各管吸光度。

3. 测定管吸光度减去对照管吸光度所得的差值为标本的吸光度。查得该值在标准曲线上对应的 ALT 的卡门氏单位。

不做标准曲线时,可做 28 卡门氏单位标准管,按下面公式计算结果:

$$卡门氏单位=\frac{测定管吸光度-测定空白管吸光度}{标准管吸光度-试剂空白管吸光度}\times 28$$

参考范围:5～28 卡门氏单位。

五、注意事项

1. 基质液中的 α-酮戊二酸和显色剂 2,4-二硝基苯肼均为呈色物质,称量必须很准确,每批试剂的空白管吸光度上下波动不应超过 ±0.015A,如超出此范围,应检查试剂及仪器等。

2. 血清中 ALT 在室温(25℃)可以保存 2 天,在 4℃冰箱可保存 1 周,在 −25℃可保存 1 个月。一般血清标本中内源性酮酸含量很少,血清对照管吸光度接近试剂空白管(以蒸馏水代替血清,其他和对照管同样操作)。因此,成批标本测定时,一般不需要每份标本都做自身血清对照管,以试剂空白管代替即可,但对超过正常值的血清标本应进行复查。严重脂血、黄疸及溶血血清会增加测定管的吸光度;糖尿病酮症酸中毒病人血中因含有大量酮体,能和 2,4-二硝基苯肼作用呈色,也会引起测定管吸光度增加。因此,检测此类标本时,应做血清标本对照管。

3. 赖氏法考虑到底物浓度不足,酶作用产生的丙酮酸的量不能与酶活性成正比,故没有制定自身的单位定义,而是以实验数据套用速率法的卡门氏单位。赖氏法标准曲线所定的单位是用比色法的实验结果和卡门分光光度法实验结果作对比后求得的,以卡门氏单位报告结果。卡门法是早期的酶偶联速率测定法,卡门氏单位是分光光度单位,定义为血清 1ml,反应液总体积 3ml,反应温度 25℃,波长 340nm,比色杯光径 1.0cm,每 1min 吸光度下降 0.001A 为一个卡门氏单位(相当于 0.48U)。赖氏原法的测定温度为 40℃,标准曲线只到 97 个卡门氏单位,后来改用 37℃测定,将标准曲线延长至 150 卡门氏单位。赖氏比色法测定由于受底物 α-酮戊二酸浓度和 2,4-二硝基苯肼浓度的过低以及反应产物丙酮酸的反馈抑制等因素影响,标准曲线不能延长至 200 卡门氏单位。当血清标本酶活力超过 150 卡门氏单位时,应将血清用 0.145mol/L 氯化钠溶液稀释后重测,其结果乘以稀释倍数。

4. 加入 2,4-二硝基苯肼溶液后,应充分混匀,使反应完全。加入 NaOH 溶液的方法和速度要一致,如液体混合不完全或 NaOH 溶液的加入速度不同均会导致吸光度读数的差异。呈色的深浅与 NaOH 的浓度也有关系,NaOH 浓度越大呈色越深。NaOH 溶液浓度小于 0.25mol/L 时,吸光度下降变陡,因此 NaOH 浓度要准确。

5. 比色波长设为 505nm(此波长下,丙酮酸生成的苯腙硝醌吸光度更敏感),最大限度地减小了比色法所固有的缺点,使测定结果能较好地反映酶的真实活性。

六、临床意义

ALT 广泛存在于一般组织细胞中,但肝细胞中此酶含量最多。肝炎、中毒性肝细胞坏死等肝病时，血清中此酶活性增加，患其他疾病（如心肌梗死、心肌炎等）时亦有增高。故血清丙氨酸氨基转移酶活性的测定在临床诊断上具有重要意义。

（麦明晓　肖　曼）

实验十四　血清乳酸脱氢酶(LDH)同工酶的测定

一、实验目的

1. 掌握分离 LDH 同工酶的方法。
2. 学习测定血清 LDH 总活力的原理与方法。

二、实验原理

乳酸脱氢酶(LDH)是分子结构组成不同,能催化同一种化学反应的一组酶,该酶相对分子质量大约为 14 万,是由 H 和 M 两种亚基组成的四聚体,能够催化丙酮酸与乳酸的相互转化。这些 LDH 的理化性质及免疫学特性都不同,但能催化相同反应,统称为乳酸脱氢酶同工酶。同样的,由于乳酸脱氢酶同工酶之间理化性质的差异,我们可以利用电泳或其他方法将它们分离。该酶在 pH>pI 条件下电泳,各种同工酶的泳动速度不同,从阴极向阳极依次排列 5 个同工酶区带:LDH_5、LDH_4、LDH_3、LDH_2、LDH_1。

本实验以琼脂糖凝胶作为支持物,当 LDH 同工酶区带经电泳分开后,用试剂凝胶显色定位,以乳酸钠为基质,在辅酶Ⅰ(NAD^+)存在时,LDH 能使乳酸钠脱氢生成丙酮酸,而 NAD^+ 被还原成 $NADH+H^+$,$NADH+H^+$ 又可将氢传递给吩嗪二甲酯硫酸盐(PMS),生成 $PMSH_2$,$PMSH_2$ 可使黄色的氯化硝基四氮唑蓝(NBT)还原生成紫蓝色的 NBTH。

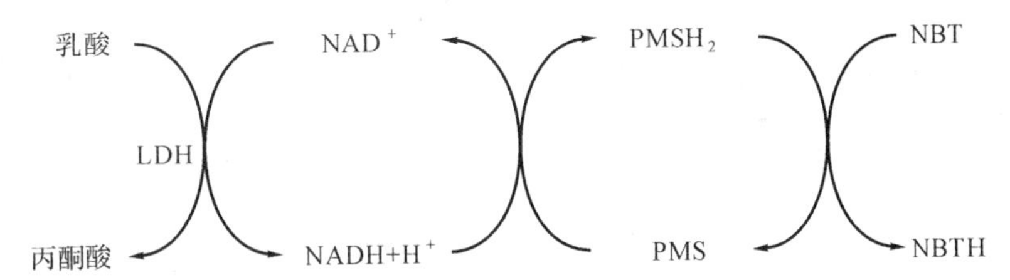

LDH 催化反应是碳水化合物代谢中无氧糖酵解的最终反应,广泛存在于人体各种组织中,按新鲜重量计算,LDH 活力依下列顺序降低:肾脏>心肌、骨骼肌>胰>脾>肝>肺。LDH 在血清中含量很低,在红细胞中含量较在血清中约高 100 倍,故测定时应避免溶血。如不能及时测定,血清应及早和血块分离,避免红细胞中 LDH 逸入血清中。

测定 LDH 的方法很多,根据酶作用的反应可分为两大类:一类利用顺向反应,以乳酸为基质;另一类利用逆向反应,以丙酮酸为基质。根据测定方法不同又可分为紫外分光光度法和可见分光光度法。紫外分光光度法需用紫外分光光度计测定反应中辅酶Ⅰ量的变化。可见分光光度法利用 2,4-二硝基苯肼和丙酮酸作用,生成丙酮酸二硝基苯腙,在碱性溶液中呈棕色。目前较多使用以乳酸为基质的方法,此法所需的氧化型辅酶Ⅰ较稳定,不似以丙酮酸为基质的方法需用的还原型辅酶Ⅰ很不稳定(在−20℃也不能长期保存)。此外,乳酸钠基质液也比丙酮酸基质稳定,室温中可放 1 个月。

三、仪器与试剂

1. 仪器

恒温水浴箱、微量注射器(50μl)、烘箱、水平台和水平仪、分光光度计、载玻片、电泳仪和电泳槽、吸管、试管、坐标纸、滤纸、刻槽器。

2. 试剂

(1)0.1mol/L 巴比妥-HCl 缓冲液(pH 8.4):称 17.0g 巴比妥钠溶于 600ml 蒸馏水,再加入 1mol/L HCl 溶液 23.5ml,然后定溶至 1000ml。

(2)0.5mol/L 乳酸钠溶液:取 5.6g 乳酸钠,溶于蒸馏水并定溶至 100ml。

(3)0.001mol/L EDTA · Na_2(乙二胺四乙酸钠盐)溶液:称取 EDTA · Na_2 · H_2O 370mg,用蒸馏水溶解并稀释至 1000ml。

(4)0.5%琼脂糖凝胶:称 50mg 琼脂糖于 5ml 0.1mol/L 巴比妥-HCl 缓冲液(pH 8.4)中,加蒸馏水 5ml,加热使琼脂糖溶化,再加入 0.001mol/L EDTA · Na_2 溶液 0.2ml,于冰箱保存备用。

(5)0.8%~0.9%琼脂糖染色胶:称 80~90mg 琼脂糖于 5ml 0.1mol/L 巴比妥-HCl 缓冲液(pH 8.4),加蒸馏水 5ml,加热使琼脂糖溶化,再加入 0.001mol/L EDTA · Na_2 溶液 0.2ml,于冰箱保存备用。

(6)显色液:现用现配。溶 50mg NBT(硝基蓝四唑)于 20ml 蒸馏水(25ml 棕色容量瓶),溶解后,加入 NAD 125mg 及 PMS(吩嗪二甲酯硫酸盐)12.5mg,再加蒸馏水至 25ml。该溶液应避光低温保存,一周内有效(若溶液呈绿色,即失效)。

(7)2%醋酸缓冲液:2ml 醋酸(99.5%)加蒸馏水 98ml。

(8)0.075mol/L 电泳用缓冲液(pH 8.6);巴比妥钠 15.45g、巴比妥 2.76g 溶于蒸馏水,稀释至 1000ml。

(9)0.1mol/L 甘氨酸溶液:称取甘氨酸 7.505g、氯化钠 5.85g,用蒸馏水溶解并稀释至 1000ml。

(10)乳酸钠缓冲基质液(pH 10.0):在乳酸钠溶液(65%~70%)10ml 中加入 0.1mol/L 甘氨酸溶液 125ml、0.1mol/L 氢氧化钠 75ml,混合。

(11)辅酶Ⅰ溶液:溶解辅酶Ⅰ 10mg 于蒸馏水 2ml 中,冰箱保存,约可用 6 周。

(12)2,4-二硝基苯肼溶液:称 2,4-二硝基苯肼 200mg,先溶于 10mol/L 盐酸 100ml 中,再以蒸馏水稀释至 1000ml。

(13)1μmol/L 丙酮酸标准液:溶解丙酮酸钠 11mg 于 100ml 乳酸钠缓冲基质液中(或取丙铜酸 17.6mg,溶于 200ml 乳酸钠缓冲基质液中),临用前配制。

(14)0.4mol/L 氢氧化钠、临床患者血清。

四、实验步骤

1. 琼脂糖凝胶电泳法分离 LDH 同工酶

(1)琼脂糖凝胶板的制备和电泳:将 0.5%琼脂糖凝胶水浴加温熔化。取 2ml 熔化的凝胶液平浇于一洁净的载玻片上(载玻片放在水平台上,载玻片的大小为 7.5cm×2.5cm)。

在凝胶凝固后,用刻槽器在玻片一端 1.5cm 处,刻制长 1.5cm、宽 0.1cm 的小槽,注意槽口应光滑不破损，用滤纸片仔细吸去小槽内液体，此小槽为点样槽。

用微量注射器向点样槽内加入新鲜血清 10～15μl。将凝胶板放在电泳槽内，两端各以浸有电泳缓冲液的细纱布作盐桥，点样端靠近阴极。电泳 45～50min，电压约 100V，待电泳区带展开约 3.5cm 时，关闭电源。

(2)电泳终止前的准备：电泳终止前，将 0.8%～0.9%琼脂糖染色胶隔水加热熔化，置 65℃水浴中保温。待使用时取此熔化的胶液 0.67ml 与显色液 0.53ml、0.5mol/L 乳酸钠溶液 0.2ml 混匀。

(3)显色：将上一步混匀的混合显色剂凝胶立即浇在电泳完毕的凝胶板上，稍待凝固后放入湿盒内 37℃避光保温 40min，即可以看到深浅不等的 5 条蓝紫色区带。最靠近阳极端的区带是 LDH_1，依次为 LDH_2、LDH_3、LDH_4 和 LDH_5。

(4)固定与干燥：将显色后的凝胶板浸于 2%醋酸溶液中，2h 后取出，用一干净滤纸覆盖凝胶板上，50℃烘 1.5～2h，烘干后，取下滤纸，背景即透明。

如需定量，可用凝胶成像分析系统或光密度计测定各区带。无光密度扫描仪的实验室可以在末烘干前切胶，用 0.1mol/L NaOH 共沸，溶解成紫兰色，然后进行光电比色。

2. LDH 活力测定

(1)标准曲线绘制：血清 LDH 比色测定法标准曲线绘制，操作见表 6-7。

表 6-7　标准曲线绘制操作

单位：ml

加入物 \ 管号	0	1	2	3	4	5
1μmol/L 丙酮酸标准液	—	0.10	0.20	0.30	0.40	0.50
乳酸钠缓冲基质液(pH 10.0)	1.00	0.90	0.80	0.70	0.60	0.50
蒸馏水	0.30	0.30	0.30	0.30	0.30	0.30
2,4-二硝基苯肼溶液	1.00	1.00	1.00	1.00	1.00	1.00
37℃水浴 15min						
0.4mol/L 氢氧化钠溶液	10	10	10	10	10	10
各管中丙酮酸含量/μmol	0.00	0.10	0.20	0.30	0.40	0.50

混匀后室温静置 5min，以 0 号管调零，在 440nm 处读各管光密度值，以各管光密值为为纵坐标，以各管所含丙酮酸的物质的量为横坐标，绘制标准曲线。

(2)比色测定血清 LDH：操作步骤见表 6-8。

表 6-8　血清 LDH 测定操作

单位：ml

加入物 \ 管号	测定管	对照管
稀释血清(1/5)	0.1	0.1
乳酸钠缓冲基质液	0.5	0.5
蒸馏水	—	0.1

续表

加入物 \ 管号	测定管	对照管
37℃水浴 2min		
辅酶Ⅰ溶液	0.1	—
混匀,37℃水浴 15min(严格控制)		
2,4-二硝基苯肼溶液	0.5	0.5
混匀,37℃水浴 15min		
0.4mol/L 氢氧化钠	5	5

混匀后室温静置 5min,以对照管调零,在 440nm 处读测定管光密度值,以测定管光密度值的平均值在标准曲线上查找其对应的丙酮酸的物质的量。

酶活力单位定义:以标本 100ml 血清在 37℃作用 15min 产生丙酮酸分子 1μmol 为 1 个单位。

3. 计算

按以下公式计算出血清 LDH 总活力:

$$\text{LDH 总活力}=\frac{\text{从标准曲线上查找丙酮酸的物质的量}\times\text{血清的稀释倍数}}{\text{测定管中稀释血清的体积}}\times 100$$

五、注意事项

1. 不宜用溶血标本。

2. 严格控制温度(LDH_4 和 LDH_5 对热敏感,如底物显色液温度超过 50℃,LDH_5 易失活)。

3. 因 PMS 对光敏感,底物显色液需用棕色瓶避光保存,否则显色后的凝胶板背景颜色过深而影响结果。

4. LDH 同工酶对冷的敏感性不同,尤其是 LDH_5 对冷不稳定。因此,血清标本应该放室温保存。

5. 由于草酸、乙二胺四乙酸对 LDH 同工酶有抑制作用,因此血浆不适宜用来测定 LDH 活力。

六、临床意义

人不同组织的 LDH 同工酶分布不同,存在明显的组织特异性,人心肌、肾和红细胞中以 LDH_1 和 LDH_2 最多,骨骼肌和肝中以 LDH_4 和 LDH_5 最多,而肺、脾、胰、甲状腺、肾上腺和淋巴结等组织中以 LDH_3 最多。临床上常通过测定血清中乳酸脱氢酶活性来诊断诸如心肌梗死、肝炎、肾坏死等疾病。

心肌细胞中的 LDH 活性是血清中的数百倍,尤以 LDH_1 和 LDH_2 含量最高。急性心肌梗死时,以 LDH_1 活力增高为主,$LDH_1 > LDH_2$(正常时 LDH_1/LDH_2 比值为 0.7 左右),比值升高可持续 1～3 周。因此,血清 LDH 的总活性和 LDH_1/LDH_2 比值测定是诊断心肌梗死、冠心病、心肌炎最有价值的酶学指标之一。

肝细胞损伤或坏死后，向血液释入大量的 LDH_4 和 LDH_5，致使血中 LDH_5/LDH_4 比值升高，故 $LDH_5/LDH_4>1$ 可作为肝细胞损伤的指标。

肾皮质中以 LDH_1 和 LDH_2 含量较高，而肾髓质中以 LDH_4 和 LDH_5 活性较高。患急性肾小管坏死、慢性肾盂肾炎、慢性肾小球肾炎以及肾移植排异时，血清 LDH_5 均表现为增高。

（麦明晓　肖　曼）

第七章　核酸的分离与纯化

1953 年，Watson 和 Crick 发现 DNA 的双螺旋结构，标志着分子生物学时代的开始。核酸作为生物体遗传信息的载体，具有复杂的结构和功能。对核酸进行研究的首要条件是分离和纯化核酸。因此，核酸的分离与纯化技术是分子生物学的基本技术，制备纯度高的核酸是分子生物学研究的必备条件。

细胞内的核酸包括 DNA 与 RNA 两种分子，均与蛋白质结合成核蛋白(nucleoprotein)。真核生物的 DNA 分为染色体 DNA 和细胞器 DNA，其中染色体 DNA 位于细胞核内，约占 95%；细胞器 DNA 分为线粒体 DNA 和叶绿体 DNA，约占 5%。原核生物除了染色体 DNA 外，还有质粒 DNA。不同物种的 DNA 分子的线性长度差异很大，一般随生物的进化程度而增长。相对而言，RNA 分子比 DNA 分子要小，而 RNA 除了可作为某些物种的遗传物质外，还可调控基因表达和蛋白翻译等，因此 RNA 的种类和结构都比 DNA 多样化。DNA 与 RNA 性质上的差异决定两者的最适分离与纯化的条件是不一样的。

第一节　真核基因组 DNA 分离与纯化的基本原理及方法

基因组(genome)是指单倍体细胞中的全部基因，本章中述及的基因组特指核基因组，即细胞核内染色体上的全部 DNA 分子。本节主要针对临床需要，介绍全血、组织和培养细胞基因组 DNA 的提取方法，对植物和微生物基因组 DNA 的提取不作介绍。

一、基因组 DNA 分离纯化应遵循的原则

基因组 DNA 在细胞核中与组蛋白结合在一起，以核小体(nucleosome)为单位，经过螺旋化，折叠盘绕压缩形成染色体。基因组 DNA 的分离主要是指将 DNA 与蛋白质、多糖和脂肪等生物大分子物质分开，然后纯化 DNA 的过程。双链 DNA 分子是非常惰性的化学物质，具有反应活性的碱基对受磷酸基团和戊糖保护，并通过碱基堆积力得以加强。因此，DNA 分子比其他生物大分子可以保存更长的时间。尽管 DNA 分子比较惰性，但是当双链 DNA 分子从细胞核内释放出来，随机卷曲在缓冲液中时，碱基堆积力和磷酸基团之间的静电排斥力使整个溶液比较黏稠。大于 150kb 的 DNA 线性分子很容易被操作中产生的力剪切，因此动作要非常轻柔。一般而言，核酸的分离纯化应遵循以下原则：①操作中尽量减少振荡、搅拌对溶液中线性 DNA 分子的机械剪切破坏，保持 DNA 分子一级结构的完整；②防止和抑制 DNA 酶对基因组 DNA 的降解；③排除蛋白质和 RNA 等大分子物质的污染。

二、基因组DNA分离纯化的基本原理与方法

真核生物所有有核细胞都可以用来制备DNA，根据材料来源不同，采取不同的处理方法裂解细胞，随后的DNA提取方法大体类似。动物基因组DNA提取方法一般有苯酚-氯仿抽提法、SDS裂解法、玻璃缠绕法和甲酰胺解聚法等。其中，甲酰胺解聚法提取的DNA分子比较大，适合用来构建基因组DNA文库；而SDS裂解法和玻璃缠绕法提取的DNA分子比较小，适合用于PCR反应和Southern杂交；而苯酚-氯仿抽提法提取的DNA分子在100～150kb，它是经典的基因组DNA提取方法。本节主要介绍苯酚-氯仿抽提法和SDS裂解法。

基因组DNA分离纯化大致分为材料的选择，基因组DNA的释放、纯化、浓缩和保存等主要步骤。

（一）材料的选择

临床常见的标本如血液、组织及体外培养的细胞等都可作为核酸提取的原料，具体应根据实验目的来选择原料，优先选择容易采集和容易处理的标本。

（二）基因组DNA的释放

基因组DNA的释放主要指裂解细胞膜和核膜，将基因组DNA和蛋白质分离的过程。一般细胞裂解有机械法和非机械法两大类。机械法主要是使用机械力使细胞破碎，但机械力容易引起高相对分子质量线性分子断裂，因而不适用于基因组DNA的分离。非机械法有化学法和酶法两类。化学法指在一定的pH环境下，加入表面活性剂或去污剂，如十二烷基硫酸钠(SDS)、十六烷基三甲基溴化铵(CTAB)等裂解细胞，使蛋白质变性，将核酸从细胞内释放出来。酶法指加入蛋白酶(如蛋白酶K)和溶菌酶破裂细胞壁和细胞膜，降解与核酸结合的蛋白质，促进核酸的分离。

在实际操作中可以同时采用化学法和酶法裂解细胞，释放DNA分子和RNA分子。苯酚-氯仿抽提法中裂解液含有金属离子螯合剂，如乙二胺四乙酸(EDTA)、RNA酶(RNase)、蛋白酶K和SDS。其中EDTA抑制DNA酶的活性，保护基因组DNA在分离纯化过程中不被降解；RNase可水解RNA，减少RNA对基因组DNA的污染；蛋白酶K可降解大分子蛋白和多肽成小肽或氨基酸，促进DNA分子的释放；SDS可结合细胞膜和核膜的蛋白，破坏膜结构，使蛋白解聚，促进DNA分子和蛋白的分离。一旦DNA分子从细胞核中释放出来，应该注意操作中动作的轻柔性，避免剧烈震荡产生的剪切力对核酸的破坏。

临床上常见标本的裂解方法如下：

1. 血液

从全血中制备基因组DNA时，ACD(酸性柠檬酸葡萄糖溶液)抗凝剂优于EDTA抗凝剂。样本采集后可在4℃存放半个月；若长期保存，应冻存在－70℃。血液样品应避免反复冻融，减少对基因组DNA的断裂。血液中的有核细胞为白细胞，离心全血后应吸取白细胞层，或者用红细胞的裂解液裂解红细胞后，收集白细胞裂解提取基因组DNA。

2. 组织

动物组织中含有大量纤维物质，在裂解组织前先用液氮研磨组织，有利于提高基因组DNA的产量。新鲜或冷冻的组织粉碎后，加入10倍体积(w/V)裂解液裂解细胞，可将基因

组 DNA 释放出来。而石蜡包埋的组织先切成 10μm 切片，加入二甲苯溶蜡，再加入乙醇去二甲苯，风干乙醇后可加入裂解液裂解组织。由于福尔马林固定和热蜡的包埋，提取的 DNA 片断会有碎裂，其大部分在 100bp～10kb，主要分布于 100～1500bp，适用于常规的 PCR 反应。

3. 培养的细胞

培养的贴壁细胞消化后收集细胞，或悬浮细胞离心收集细胞，重悬于 pH 8.0 的 TE 缓冲液，加入裂解液裂解细胞，可将基因组 DNA 释放出来。

（三）基因组DNA 的纯化与浓缩

DNA 的纯化是指 DNA 与蛋白质、盐及其他杂质彻底分离的过程。经典的 DNA 纯化方法是苯酚-氯仿抽提法。细胞或组织被裂解后，成为含核酸分子、蛋白质和盐等的混合物，加入等体积的 Tris 平衡苯酚：氯仿：异戊醇（25：24：1）混合液，混匀后离心收集含有核酸的水相，变性的蛋白质则留在有机相中。其中，酚经 Tris 平衡后不仅可使蛋白质变性，同时可防止酚吸收更多的 DNA 溶液，降低 DNA 在有机相中的残留。氯仿能增加有机相的密度，促进两相分离，同时能溶解少量的苯酚，减少酚在水相中的残留。异戊醇可减少变性过程产生的气泡并促进有机相和水相的分层。需要注意的是：提取 DNA 采用的苯酚是 Tris 平衡的，pH 8.0，DNA 在这个 pH 环境下比较稳定，容易进入水相。在含核酸的水相中加入醋酸钾（KAc）或醋酸钠（NaAc），Na^+ 中和 DNA 分子中磷酸基团的负电荷，减少 DNA 分子之间的同性电荷相斥力，使 DNA 易于聚集沉淀。往水相中加入 2～2.5 倍体积的无水乙醇，沉淀，离心得到的核酸可以用 70%乙醇洗涤除去多余的盐，可获得一定纯度的核酸。

在实验操作中应根据目的来选择纯化方法。苯酚-氯仿法提取的基因组 DNA 去蛋白效果比较好，但是历时比较长。如提取的基因组 DNA 直接用于 PCR 反应时，可以用 SDS 裂解法快速抽提。此法利用去污剂乙基苯基聚乙二醇（Nonidet P-40，NP-40），破红细胞膜，收集白细胞，用 SDS 裂解后，加入高浓度 NaCl 溶液盐析蛋白，离心收集水相后乙醇沉淀 DNA 也可抽提到一定纯度的 DNA。通过 SDS 裂解法提取的基因组 DNA 为 20～50kb，适合用于 PCR 反应等实验。

除此之外，还可用层析法分离基因组 DNA。目前生物公司开发的商品试剂盒，可提供一定的离子环境，核酸被选择性地吸附到硅土、硅胶或玻璃表面而与其他生物分子分离。

（四）基因组DNA 的保存

纯化后的基因组 DNA 应以弱碱性的 Tris 或者 TE 缓冲液溶解。缓冲液提供一个弱碱性的环境，其中的 EDTA 可以抑制 DNA 酶，防止 DNA 的降解。而核酸在保存中的稳定性，与温度成反比，与浓度成正比，选择－20℃或－70℃保存为佳。

第二节　质粒 DNA 提取与纯化的基本原理及方法

一、概述

质粒（plasmid）是一种存在于原核生物染色体外的小型环状双链 DNA 分子，大小从几

kb 到几百 kb 不等，以超螺旋状态存在于宿主细胞中。质粒具有自我复制和转录能力、互不相容性、可转移性与可携带遗传信息等特性。利用这些特性，可将天然质粒进行人工构建，将选择性标记基因和人工合成的含有多个限制性内切酶识别位点的多克隆位点序列引入质粒中，构建质粒载体，用于基因工程操作。因此，质粒的提取与纯化技术是基因工程的一项基本技术。

二、质粒 DNA 提取与纯化的基本原理与方法

质粒 DNA 有基因组 DNA 的一般理化性质，但质粒 DNA 比基因组 DNA 分子小，超螺旋结构使其具有更强的抗变性能力，因此在分离纯化质粒 DNA 时利用其相对分子质量小的性质，把质粒 DNA 和基因组 DNA 分离。提取质粒 DNA 的方法有碱裂解法、煮沸法和 SDS 法等。纯化质粒 DNA 的方法有乙醇沉淀法、柱层析法、聚乙二醇沉淀法和氯化铯-溴化乙啶等密度梯度超速离心法等。煮沸法适合提取小分子质粒 DNA。其原理是将细菌悬浮于含溶菌酶的缓冲液中，沸水浴裂解细胞，使染色体 DNA 变性，但是共价闭合环状 DNA 结构紧密不会解链。当温度恢复到室温，可通过离心回收上清中的质粒 DNA。而 SDS 法的原理是用溶菌酶破坏细胞壁后，SDS 裂解细胞，酚-氯仿抽提质粒 DNA。因其条件比较温和，适合提取大分子质粒 DNA，但是产量不高。本节主要介绍常用的碱裂解法提取质粒 DNA 的原理。

在质粒提取过程中，质粒 DNA 链常发生断裂，形成含有三种构型的质粒 DNA 溶液：①共价闭合环状 DNA，其中质粒的两条链没有断裂；②超螺旋开环 DNA，其中质粒的一条链断裂；③松弛的环状分子线形 DNA，其中质粒的两条链均断裂。在琼脂糖电泳中，三者的迁移速率由大到小依次为：共价闭合环状 DNA、松弛的环状分子线形 DNA、超螺旋开环 DNA。

分离质粒 DNA 有三个步骤：培养细菌使质粒扩增；收集和裂解细菌；分离和纯化质粒 DNA。最常用的分离质粒 DNA 的方法是碱裂解法。纯化质粒 DNA 最常用乙醇沉淀法和柱层析法。

碱裂解法分离质粒 DNA 需要用三种溶液，其作用如下：

1. 溶液Ⅰ

成分为 50mmol/L 葡萄糖，25mmol/L Tris-Cl，10mmol/L EDTA，pH 8.0。溶液Ⅰ主要用于悬浮菌体，悬浮菌体要彻底，有结块会降低质粒 DNA 的产量。其中 Tris-HCl 提供一个 pH 环境；葡萄糖可以增加溶液的密度，使悬浮后的菌体不会快速沉积到离心管底；EDTA 是二价金属离子的螯合剂，用于抑制 DNase 活性。

2. 溶液Ⅱ

成分为 0.2mol/L NaOH，1% SDS。溶液Ⅱ的作用是破裂细胞。其中，NaOH 要求新鲜配制，其强碱性足以裂解菌体，同时使基因组 DNA 和质粒 DNA 变性。这个操作要轻柔快速，因为基因组 DNA 变性后在强碱的环境下会慢慢断裂，一旦断裂成 50～100kb 大小的片段，分离的质粒 DNA 中就有基因组 DNA 的污染。

3. 溶液Ⅲ

成分为 3mol/L 醋酸钾和 2mol/L 醋酸溶液。其中，2mol/L 醋酸中和溶液Ⅱ的强碱性，使溶液快速恢复至中性，促进质粒的复性。溶液中的醋酸钾置换 SDS 中的钠离子，形成白

色不溶性的十二烷基硫酸钾(potassium dodecylsulfate,PDS)。PDS与基因组DNA一起共沉淀,而复性的质粒DNA溶于水相,通过离心,收集上清即得到质粒DNA的粗提液。

质粒DNA的粗提液可直接用2～2.5倍无水乙醇在室温下进行沉淀,离心回收质粒DNA。如后续实验对质粒纯度要求较高,应用酚-氯仿-异戊醇进行抽提,进一步去除蛋白质;也可用柱层析方法纯化质粒DNA。以硅基质作为填充材料的柱层析,其原理是在多盐条件下,依靠质粒DNA与介质的可逆性结合来进行纯化。多盐造成磷酸二酯骨架脱水,通过暴露的磷酸盐残基,质粒DNA被吸附到介质上,以乙醇溶液洗去盐和其他杂质,再加入TE缓冲液重新水合质粒DNA分子,并通过离心洗脱出来。

第三节　RNA分离与纯化的基本原理及方法

从分子水平上研究基因表达调控机制是当前分子生物学研究的热点,利用基因工程生产有药用价值的蛋白和多肽是当今世界的重要产业,因此RNA分离纯化技术是现在分子生物学实验的重要组成部分。通常一个典型的哺乳动物细胞约含有10^{-5} μg RNA,其中rRNA占80%～85%,tRNA与小分子RNA占15%～20%,mRNA占1%～5%。目前一般采用Trizol一步法提取细胞内总RNA用于Northern杂交、mRNA的纯化、逆转录等反应。而mRNA大小和序列都各不相同,除了组蛋白等少数蛋白例外,大部分mRNA的3′端都含有多聚腺苷酸尾巴(poly A尾),可以通过与挂有寡聚(dT)的纤维素柱子亲和层析分离纯化。经过该法制备的mRNA可用于cDNA文库建立、斑点杂交、引物延伸等反应。

一、RNA分离纯化的原则

RNA的戊糖残基上2′和3′位都带有羟基,因此RNA比DNA化学性质更活跃,易被RNase水解。与DNase不同,RNase催化反应不需要二价金属离子的辅助,不能被缓冲液中的金属离子螯合剂如EDTA等抑制其活性。且RNase具有链内二硫键,可以抵抗长时间的煮沸和温和的变性剂。因此,RNA分离纯化的最基本的原则是利用RNase抑制剂和含有强变性剂的裂解液灭活外源和内源RNase,同时保持低温,防止RNA被降解。此外,RNA在碱性溶液中不稳定,在分离纯化RNA过程中应严格控制缓冲液的pH值。

二、总RNA分离纯化的基本原理与方法

在异硫氰酸胍-酚-氯仿一步法基础上发展起来的Trizol一步法,已成为提取RNA的主流方法。Trizol是一种新型的总RNA抽提试剂,可以直接从细胞或组织中提取总RNA。其含有苯酚、异硫氰酸胍等物质,能迅速破碎细胞并抑制细胞释放出的核酸酶。各生物公司开发的商品化试剂Trizol虽然名称不同,但主要成分差不多,在具体使用过程中应遵循开发商提供的技术资料。经过该法提取的RNA总量与其在组织和细胞中的含量有关,一般能获得4～7μg/mg组织或者5～10μg/10^6细胞的量,获得的RNase纯度也比较好。

本节主要介绍Trizol一步法同时提取RNA、DNA和蛋白质的原理。和基因组DNA分离纯化类似,RNA分离纯化大致分为准备工作,材料的选择,RNA的释放、纯化、浓缩和保存等主要步骤。

（一）准备工作

前期准备工作主要包括对实验中所用的所有器材进行 RNase 灭活处理。焦碳酸二乙酯(DEPC)可以对 RNase 进行化学修饰，与其活性基团咪唑环反应，从而抑制 RNase 的活性。所有塑料器皿，如离心管和枪头等可用 0.1%DEPC 水浸泡 12h，高压灭菌降解或用氯仿冲洗去除 DEPC。RNA 提取过程涉及的水或溶液应使用 0.1%DEPC 的水来配制。因 DEPC 是强致癌试剂，可选择商品化的 RNase-free 枪头和 Ep 管等，避免 DEPC 污染。

此外，由于实验室的灰尘、操作人员的手汗与唾液等都可能存在外源性的 RNase，故操作最好在超净操作台内进行，且操作人员应戴一次性口罩。最好能配备 RNA 提取专用的器具，如微量移液器、超净工作台等。

（二）材料的选择

组织或细胞的基因表达具有时间和空间特异性，因此其产生的 RNA 总量是不一样的。用于提取 RNA 的材料依据实验目的和实验对象来选择。理论上幼嫩的组织、处于生长旺盛期的组织与进行旺盛分泌蛋白的组织中 RNA 含量都比较高，例如全血、肝脏等。临床常见的标本，如血液、组织及体外培养的细胞等的具体预处理方法如下：

1. 血液

应采用新鲜的血液，经淋巴细胞分离液分离有核白细胞后加 Trizol 试剂裂解。细胞经 Trizol 裂解后可直接提取 RNA，或在－70℃储存几个月，不影响 RNA 的产量和质量。

2. 组织

新鲜的组织先切成小块(约 100mg)，立即放入液氮中冻结后，可直接提取 RNA 或存入－70℃几个月。RNase 含量高的组织，如胰腺、肝脏等可先切小块后加液氮研磨，然后再提取 RNA。

3. 培养的细胞

收集培养的细胞，重悬于 PBS 缓冲液洗涤，离心收集细胞，加入 Trizol 试剂裂解细胞，细胞的 Trizol 裂解液可直接提取 RNA 或在－70℃储存几个月。

（三）RNA 的释放、纯化与浓缩

Trizol 试剂呈酸性，pH 4.5～5.5，在破碎和溶解细胞时能保持 RNA 的完整性，其中的苯酚起裂解细胞的作用；异硫氰酸胍可以破坏蛋白质的二级结构；β-巯基乙醇还原 RNase 的二硫键；8-羟基喹啉与氯仿一起可以有效地抑制内源性 RNase 活性。而核酸分子中的碱基分子中的碱基、核苷、核苷酸均可发生解离，其中 DNA 的等电点为 4～4.5，RNA 的等电点为 2～2.5，主要是因为 RNA 分子中核糖基 2′-OH 通过氢键促进了磷酸基上质子的解离。在酸性条件下直接抽提 RNA，加入氯仿变性蛋白后形成两相，DNA 与蛋白质进入有机相而 RNA 留在水相，同时氯仿还可以去除溶解在水中少量的苯酚。通过离心收集水相可将 RNA 和 DNA 与蛋白分离。

收集上清的 RNA 水溶液，按照 Trizol 试剂的用量加入 0.25 倍体积的异丙醇沉淀 RNA。异丙醇沉淀 RNA 比乙醇沉淀可减少多糖和蛋白聚糖的沉淀，提高 RNA 的纯度，同时也减少多糖和蛋白聚糖对后续 RNA 操作(如逆转录反应)的抑制效果。最后用 75%乙醇洗涤 RNA 沉淀，去除杂质。而处于界面的 DNA 与蛋白质可通过乙醇和异丙醇分别分级沉淀出来。该法制备的 DNA，大小为 20kb 左右，可作 PCR 反应的模板；蛋白质样品主要用于

免疫印迹分析。

（四）RNA 的保存

75%乙醇洗涤 RNA 沉淀后，可直接用 RNase-free 水来溶解 RNA，用于后续 RT-PCR、引物延伸等实验。若 RNA 需要长期保存，可用去离子甲酰胺溶液溶解 RNA，保存于 −70℃。甲酰胺溶液可以很快溶解纯度比较高的 RNA，且可以提供一定的化学环境，抑制 RNase 降解 RNA。甲酰胺溶液溶解 RNA 可以长期保存，也可以直接用于 RT-PCR、RNase 保护的实验。用 4 倍体积的无水乙醇进行溶解 RNA 也可长期保存于 −70℃，因为乙醇在低温下可以抑制所有酶的活性。

三、mRNA 分离纯化的原理与方法

在构建 cDNA 文库时，从总 RNA 中纯化 mRNA 是必不可少的步骤，而 PCR 分析、Northern 杂交、RNA 酶保护实验中，用 mRNA 的效果比总 RNA 要好。目前分离纯化 mRNA 一般采用 oligo(dT)纤维素层析法，经过此法纯化的 mRNA 比总 RNA 中纯度高 10～30 倍。

利用 mRNA 3′末端含有 poly(A)的特点，在总 RNA 流经 oligo(dT)纤维素柱时，A 和 T 碱基配对形成杂交双链，高盐缓冲液促进杂交双链的稳定，mRNA 被特异地结合在柱上；当不含 poly(A)的 RNA 从体系中被洗去后，用低盐缓冲液去稳定杂交双链，将 mRNA 被洗脱，经过几次寡聚(dT)纤维柱后，即可得到较高纯度的 mRNA。

为了同时对多个标本进行处理，实现高通量提取 mRNA，生物公司开发各类试剂盒从培养的细胞中快速纯化 mRNA。该项技术是在 96 孔板中预包被 Oligo-dT，简单地加入细胞裂解液，mRNA 与每孔中的 oligo-dT 杂交，洗去未结合的，分离和纯化的 mRNA 再进一步被洗脱，用于 cDNA 合成和 PCR。

（颜冬菁）

实验十五　外周血白细胞 DNA 的提取(SDS 裂解法)

一、实验目的

掌握 SDS 裂解法提取全血 DNA 的原理与操作方法。

二、实验原理

利用中性去污剂 NP-40 破坏全血的红细胞膜，离心弃去溶血液，收集白细胞沉淀，加入去污剂 SDS 以破坏白细胞核膜，并使核蛋白解离，再加入高浓度的 NaCl 使 DNA 溶解，同时使蛋白盐析。通过离心收集水相，加 2～2.5 倍体积的无水乙醇，沉淀 DNA。

三、仪器与试剂

1. 仪器

离心机、枪头、移液器、Ep 管(1.5ml)。

2. 试剂

(1)20% NP-40、10% SDS、6mol/L NaCl、冰乙醇、70%乙醇。

(2)低盐缓冲液：10mmol/L Tris-Cl (pH 7.6)，10mmol/L KCl，2mmol/L EDTA，4mmol/L $MgCl_2$。

(3)TE 缓冲液：10mmol/L Tris-HCl(pH 8.0)，1mmol/L EDTA(pH 8.0)。

四、实验步骤

1. 取 EDTA 抗凝血 0.2ml，加入低盐缓冲液 1ml，混匀。再加入 20μl 20% NP-40，充分混匀溶血，此刻应看到溶血液变得透亮。

2. 6000r/min 离心 5min，弃溶血液，收集白细胞沉淀。

3. 加入低盐缓冲液 1ml，洗涤白细胞，6000r/min 离心 5min，弃溶血液。如果白细胞沉淀中还存在红细胞碎片，可再重复此步骤一次。

4. 加低盐缓冲液 100μl 重悬白细胞沉淀，充分混匀。再加入 10% SDS 7.5μl，混匀，室温下放置 5min，使细胞充分裂解。加入 SDS 后操作要轻柔，避免产生的机械力使基因组 DNA 断裂。

5. 加入 6mol/L NaCl 溶液 37.5μl，充分混匀，12000r/min 离心 10min。

6. 将上清液转移到另一 Ep 管中，加 2～2.5 倍冰无水乙醇沉淀 DNA，12000r/min 离心 10min。如果吸取的上清液混有沉淀，可以重新 12000r/min 离心一次，收集上清，加无水乙醇沉淀。

7. 收集 DNA 沉淀，弃去冰乙醇，再加 70%乙醇洗 DNA 一次，12000r/min 离心 10min，弃去乙醇。

8. 风干乙醇后，加入 50～100μl TE 缓冲液溶解基因组 DNA。

五、注意事项

1. 红细胞裂解一定要完全，否则影响基因组 DNA 的质量。

2. 乙醇风干要注意控制时间，过度干燥的 DNA 不易溶解。

3. 加入 NaCl 盐析，离心沉淀蛋白后，吸取上清一定要小心，不能吸到蛋白质沉淀，否则影响提取的 DNA 纯度。

六、临床意义

基因组 DNA 提取是临床上进行基因诊断和基因治疗等分子生物学检测技术的基础。完整且纯度高的基因组 DNA 可为 PCR 技术和分子杂交技术等提供模板。

七、思考题

1. 实验过程中每个步骤看到什么现象？

2. 实验中各种试剂的作用分别是什么？

（颜冬菁　王咸寿）

实验十六　真核细胞 RNA 的制备(Trizol 试剂抽提法)

一、实验目的

掌握 Trizol 试剂抽提法制备真核细胞 RNA 的基本原理与操作方法。

二、实验原理

参见第七章第三节中“(二)RNA 的释放、纯化与浓缩”的有关内容。

三、仪器与试剂

1.仪器

低温高速离心机、液氮、匀浆器、乳钵、移液器、振荡器、玻璃刻度吸管、枪头、离心管(1.5ml)。

2.试剂

(1)0.1% DEPC:将 1ml DEPC 加入 1L 去离子水中,搅拌混匀。

(2)RNase-free 水:0.1% DEPC 浸泡过夜,高压灭菌 30min 去除残留的 DEPC。

(3)Trizol 试剂:购自 Invitrogen、上海生工生物工程公司等。

(4)氯仿、异丙醇、75%乙醇(用 DEPC 水配制)。

四、实验步骤

1.枪头和 1.5ml 离心管均用 0.1% DEPC 浸泡过夜,高压灭菌 30min 去除残留的 DEPC,烘干备用。

2.将 0.5g 新鲜或−70℃冷冻保存的组织剪成约 100mg 小块,放入研钵,加液氮研磨后移入 Ep 管,加 1ml Trizol 试剂,充分振荡混匀,室温下放置 10min。

3.加入 0.2ml 氯仿,剧烈振荡 30s,室温放置 5min。4℃条件下,12000*g* 离心 10min。

4.将上清液小心转移到 RNase-free 的 Ep 管中,加入与上清体积相同的异丙醇,室温下放置至少 10min 以沉淀 RNA。

5.4℃条件下 12000*g* 离心 10min。

6.弃上清,加入 1ml 70%乙醇洗涤 RNA 沉淀,4℃条件下,12000*g* 离心 10min。

7.重复步骤 6 至少 1 次。

8.尽可能彻底地吸走上清,防止枪头触碰到 RNA 沉淀,引起 RNA 丢失。

9.室温下挥发乙醇 3～5min,注意不能全部晾干,避免 RNA 沉淀难溶。

10.RNA 沉淀用 30～50μl RNase-free 水溶解。如发现沉淀较难溶解,68℃处理 10min。

RNA 若需要长期保存,可选择以下两种方法:①用甲酰胺溶液溶解 RNA 后分装,冻存于−80℃,这样保存的 RNA 可以直接用来 RT-PCR 反应和凝胶电泳分析等。②或者在 RNA 的水溶液中加入 4 倍体积的无水乙醇,适量分装,于−80℃中保存。临用前取出一管,加入1/10体积 3mol/L NaAc(pH 4.0),4℃下 12000*g* 离心 15min,重新溶于 RNase-free 水中。

五、注意事项

1. Trizol 试剂和氯仿是强变性剂,具有挥发性和腐蚀性,应戴口罩和手套,尽量在通风橱中操作。

2. 液氮容易冻伤手,操作中应戴厚手套。

3. DEPC 闻起来有香甜的水果味,但是是致癌物,操作中应动作迅速,尽量在通风橱中操作。且 DEPC 可与胺类和巯基迅速发生化学反应,不能用来处理含有 Tris 一类的缓冲液。

4. 加入 Trizol 后的组织裂解液可在－70℃冻存 3 个月到半年。

5. 加氯仿后离心吸取上清,从这步开始一定使用要 RNase-free 的 Ep 管和枪头,避免外源的 RNase 降解 RNA。

6. 乙醇风干要注意控制时间,过度干燥的 RNA 不易溶解。

六、临床意义

组织总 RNA 的提取是临床分子诊断和检验技术的基础。完整且纯度高的总 RNA 经逆转录成 cDNA,可为 real time PCR 提供模板,进而分析相关因子 RNA 的表达。

七、思考题

1. 提取 RNA 过程中如何避免污染和 RNA 降解?

2. Trizol 试剂提取 RNA 的原理是什么?操作中需要注意哪些细节?

(颜冬菁　王咸寿)

第八章　核酸的鉴定与分析

第一节　核酸的定量分析

核酸是由核苷酸通过 3′-5′磷酸二酯键连接而成的生物大分子，分为脱氧核糖核酸(DNA)和核糖核酸(RNA)两大类。它们都是细胞中非常重要的组分，分别负责遗传信息的携带和传递。根据核酸的物理化学性质，可采用多种方法进行核酸含量的检测。

1. RNA 含磷量平均为 9.4%，DNA 含磷量平均为 9.9%，由此通过对磷的测定可以得出 DNA 和 RNA 的含量。

2. 强酸可降解核酸，生成游离的核糖或者脱氧核糖，这两类糖再与浓酸、酚或者胺生成有色化合物，对有色化合物的吸光度进行测定，通过比色可得出核酸的含量。

3. 核酸分子中含有共轭双键，具有紫外吸收特性，其吸光度与核酸浓度呈正比，可进行核酸的定量测定。

对核酸的定量，多采用分光光度法以及下一节将提到的电泳技术。分光光度法又主要分为可见分光光度法和紫外分光光度法。

一、可见分光光度法测定核酸含量

常见的可见分光光度法对核酸的定量分析有定磷法、二苯胺法和地衣酚法等。

1. 定磷法原理

在酸性环境中，钼酸铵与核酸样品中的磷酸反应生成磷酸钼，在有还原剂存在时，可变成蓝色的还原产物钼蓝，通过测定钼蓝在最大吸收波长 650～660nm 处的吸光度值，就可以计算出磷的含量，由此进一步计算出核酸的含量。

2. 二苯胺法测定 DNA 含量的原理

DNA 中的脱氧核糖与二苯胺试剂加热产生的蓝色化合物在 595nm 处有最大吸收峰，利用对其吸光度值的测定，可计算出 DNA 的浓度。

3. 地衣酚法测定 RNA 浓度的原理

当 RNA 与浓盐酸共热时，降解的核酸转变为糖醛，可与地衣酚在 Fe^{3+} 或 Cu^{2+} 的催化下反应生成鲜绿色化合物，该产物在 670nm 处有最大吸收峰，通过测定吸光度可以得到糖醛的浓度，进而得知 RNA 的浓度。

二、紫外分光光度法测定核酸含量

紫外分光光度法测定核酸浓度更为方便，为大多数人所采用。其原理是组成核酸的嘌呤和嘧啶碱基均含有共轭双键，具有紫外光吸收的特征。这些碱基的最大紫外光吸收波长集中在250～270nm处，见表8-1。

表8-1 碱基的最大紫外吸收波长

碱 基	腺嘌呤	胞嘧啶	鸟嘌呤	胸腺嘧啶	尿嘧啶
最大吸收波长/nm	260.5	267	276	264.5	259

当碱基与戊糖、磷酸形成核苷酸后，则最大吸收波长为260nm，吸收低谷在230nm，这个物理特性使得利用测定核酸在260nm处的吸光度值(A_{260})来计算核酸的浓度成为可能。在波长260nm的紫外光下，1cm光程，$A_{260}=1$(即$1.0A_{260}=1.0$或写书写为1OD)时，相当于50μg/ml双链DNA、40μg/ml单链DNA或RNA、20μg/ml单链寡核苷酸。紫外分光光度法只适用于测定浓度大于0.25μg/ml的核酸溶液，对于很稀的溶液可采用荧光光度法。

紫外分光光度法不仅可以用来测定核酸的浓度，还可以对其纯度进行估计。蛋白质中的芳香族氨基酸，如苯丙氨酸、色氨酸和酪氨酸，都具有共轭双键，在280nm处有最高吸收峰，而在260nm处的吸光度值仅为核酸的十分之一或者更低，因此，当核酸样品中蛋白质含量较低时，蛋白质在260nm处的吸光度值对核酸浓度测定影响不大，可以通过测定核酸样品在260nm和280nm处的紫外吸光度值的比值(A_{260}/A_{280})来估算核酸的纯度。纯DNA的A_{260}/A_{280}应该达到1.8，纯RNA的A_{260}/A_{280}应该达到2.0。另外，盐和小分子物质的最大吸收峰在230nm处；酚的最大吸收峰在270nm处。酚和蛋白质的存在会导致核酸样品中A_{260}/A_{280}的比值降低。对于DNA来说，若比值高于1.8，说明制剂中RNA尚未除尽，可用RNase进行消化；若比值低于1.7，可能有杂蛋白存在，可重复进行抽提和纯化；若$A_{260}/A_{280}<2.0$，则可能是样品中的盐没有除尽。当然也会出现DNA样品中既含蛋白质又含RNA，但比值显示为1.8的情况，这时就有必要结合凝胶电泳等方法鉴定有无RNA，并用测定蛋白质的方法检测是否存在蛋白质。

第二节 核酸凝胶电泳

核酸凝胶电泳是分子克隆核心技术之一，用于分离、鉴定和纯化核酸，具有便于分离、检测和回收等优点。

一、核酸凝胶电泳的基本原理

核酸分子是两性解离分子，在高于其等电点的电泳缓冲液中，碱基不解离，而磷酸基团全部解离，带有均匀的负电荷，在一定的电场中向正极移动。基于此原理，利用支持介质凝胶的分子筛效应，可使不同相对分子质量、带不同数量电荷及不同构象的核酸分子泳动速度出现较大差异，从而达到分离、鉴定及纯化核酸的目的。

核酸相对分子质量的对数值与电泳迁移率之间成反比关系，因此通过比较已知大小的标准物移动的距离与未知片段的移动距离，根据荧光染料的显示情况，便可测出未知片段的大小，这就是利用电泳技术进行核酸定量的基础。

二、琼脂糖凝胶电泳

核酸凝胶电泳有琼脂糖凝胶电泳、聚丙烯酰胺凝胶电泳和脉冲场凝胶电泳等。聚丙烯酰胺凝胶电泳的分辨率比较高，可分离 5～500bp 的核酸，可分离纯化单链 DNA 片段，常用于放射性 DNA 探针的分离及 DNA 测序反应。而琼脂糖凝胶电泳的分离范围更广泛，可分离 100bp～60kb 的核酸，因而更为常用。

（一）琼脂糖凝胶电泳分离DNA分子

对于 DNA 分子来说，通常采用普通的琼脂糖凝胶电泳来进行分离。如表 8-2 所示，不同相对分子质量大小的 DNA 采用不同浓度的琼脂糖凝胶进行电泳分离。并且，不同构型的 DNA 的移动速度不同，由大到小依次为：共价闭环 DNA、直线 DNA、开环的双链环状 DNA。

表 8-2　琼脂糖浓度与 DNA 分离范围

琼脂糖浓度/%	0.3	0.6	0.7	0.9	1.2	1.5	2.0
线状 DNA 大小/kb	5～60	1～20	0.8～12	0.5～10	0.4～7	0.2～3	0.1～2

常用的电泳缓冲液有 TAE(Tris-乙酸)、TBE(Tris-硼酸)和 TPE(Tris-磷酸)等。浓度约为 50mmol/L(pH 7.5～7.8)。在这三种缓冲液中，TBE 和 TPE 具有更强的缓冲能力，而 TAE 对高相对分子质量 DNA 及超螺旋 DNA 具有较高的分辨能力。

DNA 样品在上样到凝胶加样孔之前，要与上样缓冲液混合，以增加样品浓度，保证 DNA 沉入加样孔内，带有颜色便于观察电泳过程。上样缓冲液中通常含有 10%～15%蔗糖或 5%～10%甘油以增加密度，含有 0.25%溴酚蓝或 0.25%二甲苯氰作为颜色指示剂。

电泳后，对电泳条带进行染色观察。常用的染色剂有溴化乙啶(EB)及 SYBR Gold。其中 EB 是最为常用的荧光染料，可以对核酸分子，特别是 DNA 分子进行染色，然后在紫外灯下进行观察。其原理为：EB 含有一个可以嵌入 DNA 堆积碱基之间的三环平面基团，与 DNA 的结合几乎没有碱基序列特异性。与 DNA 结合后，EB 接收了 DNA 吸收的 254nm 的紫外辐射，加上自身吸收的 302nm 和 366nm 的光辐射，被吸收的能量在 590nm 处重新发射出来，为可见的橙红色信号。EB-DNA 复合物的荧光产率比没有结合 DNA 的染料高出 20～30 倍，因此当凝胶中 EB 的浓度低至 0.5μg/ml 时，即可检测出至少 10ng 的 DNA 条带。溴化乙啶可以检测单链或者双链核酸，但对单链核酸的亲和力比较小，导致荧光产率也相对较低。大多数单链 DNA 或者 RNA 通过形成较短的链内螺旋来结合荧光染料。

（二）琼脂糖凝胶电泳分离DNA分子

RNA 分子可以使用非变性或者变性琼脂糖凝胶电泳进行检测。非变性琼脂糖凝胶电泳可用于分离混合物中不同相对分子质量的 RNA 分子，但是由于 RNA 容易形成二级及三级结构，无法确定其相对分子质量，只有在变性情况下，RNA 分子完全伸展，其泳动速度才与相对分子质量成正比。常用的变性剂有甲醛、乙二醛等。通过变性琼脂糖凝胶电泳，可以比较清楚地鉴定 RNA 样品的完整性。完整的未降解的真核生物 RNA 样品电泳图中可以清晰地看到 18s RNA、28s rRNA 和 5s rRNA，并且 28s rRNA 的亮度为 18s rRNA 亮度的两倍左右。

第三节　核酸分子杂交技术

一、核酸分子杂交技术的基本原理

核酸分子杂交(简称杂交,hybridization)是核酸研究中一项最基本的实验技术,可用于核酸分子的定性或者半定量研究。应用核酸分子的变性和复性的性质,互补的两条单链核苷酸序列通过氢键配对,形成稳定的杂合双链分子的过程称为杂交。杂交过程是高度特异性的,可以利用已知序列的探针进行特异性的靶序列检测。杂交技术可以在 DNA 与 DNA、RNA 与 DNA 或者是 RNA 与 RNA 之间进行,形成 DNA-DNA、RNA-DNA,或 RNA-RNA 等不同类型的杂交分子。相互杂交的两条单链核酸分子的碱基并不要求完全互补,但彼此之间必须有一定程度的互补性。

二、核酸分子杂交中的探针

(一) 探针的种类

核酸杂交中使用的核酸探针是已知的 DNA 或 RNA 片段,带有供反应后检测的合适标记物,并仅与特异靶分子反应。探针根据核苷酸性质的不同,可以分为 DNA 探针、RNA 探针、cDNA 探针和寡核苷酸探针等几类。

1. DNA 探针

是最为常用的核酸探针,长度为几百个碱基对,可以来自不同的物种,多为某一基因的全部或部分序列,或某一非编码序列。DNA 探针多克隆在质粒载体中,制备方法简便,稳定性强,不易被降解,其标记方法也很成熟。

2. RNA 探针

以双链 DNA 为模板,利用噬菌体 RNA 聚合酶在体外转录生成的 RNA 作为标记对象产生的探针。这种体外转录的反应效率很高,在 1h 内可以生成近 10μg 的 RNA。并且由于以双链 DNA 为模板,生成的 RNA 探针可分为同义 RNA 探针(与 mRNA 同序列)和反义 RNA 探针(与 mRNA 互补)。由于探针和靶序列均为单链,并且 RNA/RNA 杂交体稳定性比 RNA/DNA 杂交体高,杂交效率比 DNA/DNA 杂交要高几个数量级别。作为单链探测,RNA 探针不存在变性和自我复性的缺点,而且 RNA 中不存在高度重复序列,具有较弱的非特异性杂交信号,杂交后可用 RNase 将未杂交的游离探针进行降解,进一步降低本底。RNA 探针可检测 DNA 和 mRNA,并鉴定出外源基因的表达是正向转录还是反向转录,从而得出外源基因表达量不高的可能原因。但是,RNA 探针容易降解,并且标记方法比较复杂。

3. cDNA 探针

由 mRNA 转录而来,在体外经逆转录酶的作用,以 mRNA 为模板,合成 cDNA 第一链,进而合成第二链。将合成的 cDNA 进行标记,即得到 cDNA 探针。该类探针长度较长,形成的杂交体稳定性强,特异性高,杂交信号也比较强。但由于是双链分子,必须先变性再杂交,在杂交过程中易存在自我复性现象。

4. 寡核苷酸探针

以核苷酸为原料，通过 DNA 合成仪人工合成的探针。目前的合成仪均可合成 70～100bp 长的寡核苷酸，但一般常用的寡核苷酸探针长度为 18～30bp。该类探针避免了真核细胞中存在的高度重复序列带来的不利影响。由于大多数寡核苷酸序列较短，组织穿透性极好，即使只有一个碱基不配对也会显著影响其溶解温度，故其特别适用于基因点突变分析。由于是人工合成，寡核苷酸探针不需要纯化，并且根据目的基因的特异性序列设计的探针，特异性较强。其缺点有：探针长度必须适宜，探针太长可造成内部错误配对杂交，探针太短导致与靶序列形成的杂交体稳定性差，所携带的标记物少，敏感性较低，并对杂交及漂洗的温度、盐浓度等条件的要求较高。同时，寡核苷酸探针与 mRNA 形成的杂交体不如 cDNA/RNA 杂交体稳定。

（二）探针的标记方法

探针的标记方法通常有同位素标记和非同位素标记两大类。

1. 同位素标记法

同位素标记利用放射自显影进行检测，常用的放射性同位素有 ^{32}P 和 ^{35}S，前者能量高，信号强，最常用。放射性同位素标记探针虽然敏感度高，却存在辐射危害和半衰期限制（^{32}P 半衰期为 14.3 天，^{35}S 半衰期为 87.1 天，^{125}I 的半衰期为 60 天）。其中 ^{3}H 的半衰期虽然长达 12.3 年，但它释放的 β 放射线能量太低（0.018MeV），只能用于组织原位杂交。核酸探针的同位素标记常用酶促标记技术进行标记。主要有缺口平移、末端标记、随机引物标记和 PCR 标记等方法。

（1）缺口平移法：利用 DNA 酶消化双链 DNA，使其产生多个缺口，然后利用 DNA 聚合酶Ⅰ的 5′-3′聚合酶活性在缺口的 3′末端掺入标记的 dNTP 并使链得以延伸。同时，利用该酶的 5′-3′外切酶活性可水解缺口的 5′核苷酸，从而使缺口沿着 5′-3′方向移动，故称为缺口平移。该方法适用于双链 DNA 探针的标记，而不适用于单链 DNA 探针和 RNA 探针的标记。

（2）末端标记法：利用大肠杆菌 DNA 聚合酶Ⅰ的 Klenow 大片段对 DNA 探针的 3′末端进行标记，或 T4 噬菌体多核苷酸激酶对 DNA 探针的 5′末端进行标记。这种方法的标记效率比较低。

（3）随机引物标记法：利用随机引物和单链核酸探针退火，在 DNA 聚合酶Ⅰ或者逆转录酶的作用下，以核酸探针为模板，在引物分子的 3′端添加标记的单核苷酸，经变性后可得到无数大小不一的被标记的 DNA 探针分子。该方法标记的探针比活性高，适用于 DNA 探针及 RAN 探针的标记。

2. 非同位素标记法

非放射性标记物有生物素、地高辛、碱性磷酸酶、辣根过氧化酶和荧光素等。不同的标记物其标记方法及检测方法也各异，主要分为直接标记法和间接标记法。直接标记法是将标记物直接结合到探针上，当探针与组织内相应靶序列结合后，即可显色观察。这类标记物的特点是在杂交过程中不丢失，且不影响杂交反应。间接标记法是先将标记物结合在探针上，通过特异性抗体识别，并由特异性抗体结合的多种酶对检测的杂交信号进行放大，这一类标记法具有极好的发展前景。

三、核酸分子杂交的类型

核酸分子杂交按作用环境不同,可大致分为固相杂交和液相杂交两种类型。

(一) 固相杂交

固相杂交是将待测核酸样品先结合到固相支持物上,再与溶液中的特异性探针进行杂交反应。由于固相杂交后,未杂交的游离片段可容易地漂洗除去,膜上留下的杂交物容易检测和能防止靶 DNA 自我复性,因此其最为常用。常用固体支持物有硝酸纤维素滤膜、尼龙膜、乳胶颗粒、磁珠和微孔板等。常用的固相杂交类型有 Southern 印迹杂交、Northern印迹杂交、组织原位杂交、菌落原位杂交、斑点杂交和狭缝杂交等。

1. Southern 印迹杂交

指提取样品中 DNA,用适当的限制性内切酶进行切割,经电泳分离的片段转移到硝酸纤维素膜或者尼龙膜上,然后利用探针对该膜上的 DNA 分子进行杂交反应。

2. Northern 印迹杂交

与 Southern 杂交的过程基本相同,其区别主要在于样品是 RNA 而不是 DNA。

3. 菌落原位杂交

指将细菌从培养平板直接转移到硝酸纤维素滤膜上,然后将滤膜上的菌落裂解以释放出变性的单链 DNA,与探针分子进行杂交。

4. 组织原位杂交

指经处理后细胞通透性增加的组织或者细胞中的 DNA 或者 RNA 直接与探针杂交,可以检测基因在细胞组织内表达的空间位置。

(二) 液相杂交

液相杂交指将待测核酸样品与特异性探针同时溶于杂交液中进行杂交反应。液相杂交操作比较复杂,杂交后过量的未杂交探针在溶液中除去较为困难和误差较高,故其应用不如固相杂交那样普遍。

第四节　聚合酶链反应技术

聚合酶链反应(polymerase chain reaction,PCR)是 20 世纪 0 年代中期发展起来的体外短时间内大量扩增核酸的技术,即在一对人工合成的特异性引物介导下,以目的 DNA 为模板,利用耐热的 DNA 聚合酶,经过变性、退火和延伸三个步骤的 25～35 个循环,扩增出上百万倍模板 DNA 数量的产物。它具有特异、敏感、产率高、快速、简便、重复性好、易自动化等突出优点。

一、PCR 技术的基本原理

PCR 对于 DNA 的扩增,类似于 DNA 在体内的天然复制过程,其特异性依赖于与靶序列两端互补的寡核苷酸引物。PCR 由变性、退火、延伸三个基本反应步骤构成:

1. 模板 DNA 的变性

模板 DNA 加热至 95℃左右，经一定时间后，使模板 DNA 双链或经 PCR 扩增形成的双链 DNA 解离成为单链，以便结合引物，为下轮反应作准备。

2. 模板 DNA 与引物的退火(复性)

模板 DNA 经加热变性成单链后，温度逐渐降至 55℃左右，引物与模板 DNA 单链的互补序列按碱基配对的原则进行配对结合，形成双链。

3. 引物的延伸

DNA 模板-引物结合物在 *Taq* DNA 聚合酶的作用下，以 dNTP 为反应原料，靶序列为模板，在合适的缓冲液、镁离子及 dNTP 存在的条件下，按碱基配对与半保留复制原理，引物沿着 5′至 3′的方向合成新的与模板 DNA 链互补的 DNA 片段，该新链又可成为下次循环的模板。

重复上述三个步骤，即变性—复性—延伸的过程，经过 25～35 个循环(每完成一个循环需 2～4min)，2～3h 就能将待扩目的基因扩增几百万倍，达到检测水平。

PCR 的三个反应步骤反复进行，使 DNA 扩增量呈指数上升。能将原皮克($1pg=10^{-12}g$)量级的待测 DNA 模板扩增到微克($1\mu g=10^{-6}g$)量级水平。反应最终的 DNA 扩增量可用下式计算：

$$C=C_0(1+P)n$$

式中：C 代表 DNA 片段扩增后的拷贝数；C_0 表示扩增开始时的 DNA 模板数量；P 表示平均每次的扩增效率；n 代表循环次数。

其中平均扩增效率的理论值为 100%，但在实际反应中平均效率达不到理论值，平均约为 75%。反应初期，靶序列 DNA 片段的增加呈指数上升的形式，随着 PCR 产物的逐渐积累，被扩增的 DNA 片段不再呈指数增加，而进入线性增长期或静止期，即出现“停滞效应”，这种效应称平台期数。平台期受到 PCR 扩增效率、DNA 聚合酶、PCR 的种类和活性及非特异性产物的竞争等因素的影响。

二、PCR 的反应体系

PCR 反应体系由缓冲液(10×PCR Buffer)、脱氧核苷三磷酸底物(dNTP)、耐热 DNA 聚合酶(*Taq* DNA 聚合酶)、寡聚核苷酸引物(正向引物和反向引物)、靶序列(DNA 模板)五部分组成。各个组分的质量都能影响 PCR 结果的好坏。

(一) 反应缓冲液

一般随 *Taq* DNA 聚合酶供应。标准缓冲液含 50mmol/L KCl、10mmol/L Tris-HCl (pH 8.3)、1.5mmol/L $MgCl_2$。Mg^{2+} 的浓度对反应的特异性及产量有着显著影响，浓度过高，使反应特异性降低；浓度过低会降低 DNA 聚合酶的活性，使产物减少，一般以 1.5～2mmol/L(终浓度)较好。

(二) dNTP

PCR 中常用终浓度为 50～200μmol/L 的 dNTP。高浓度 dNTP 易产生错误掺入；浓度过低将降低反应产物的产量。四种 dNTP 的浓度应相同(等摩尔配制)，如果其中任何一种的浓度明显不同于其他几种时(偏高或偏低)，就会诱发聚合酶的错误掺入作用，降低合成速度，过早终止延伸反应。此外，高浓度的 dNTP 能与 Mg^{2+} 结合，使游离的 Mg^{2+} 浓度降低，影响 DNA 聚合酶的活性。

（三）DNA 聚合酶

在 100μl 反应体系中，一般加入 1～2.5U 的酶量，足以达到每分钟延伸 1000～4000 个核苷酸的速度。酶量过多将导致产生非特异性产物，过低则令合成产物量减少。但是，不同的公司或不同批次的产品常有很大的差异，由于酶的浓度对 PCR 反应影响极大，因此应当作预试验或使用厂家推荐的浓度。应用最广的 DNA 聚合酶是 *Taq* DNA 聚合酶和高保真酶，如 Pfu DNA 聚合酶、Pfx DNA 聚合酶。*Taq* 酶的保真性不高，没有 3′至 5′外切酶活性，如果在扩增过程中发生碱基的错配，该酶是没有校正功能的。高保真酶有校正功能，但是扩增效率比较低。

（四）引物

引物决定 PCR 反应的特异性，是决定 PCR 结果的关键，引物设计在 PCR 反应中极为重要。引物设计的基本原则是最大限度地提高扩增效率和特异性，同时尽可能抑制非特异性扩增。通常引物设计要遵循以下几条原则：

1. 引物长度

引物的长度以 15～30bp 为宜，常用 20bp 左右。

2. 引物碱基组成

引物的 G+C 的含量应在 40%～60%，如果太高易会出现非特异条带，太低则扩增效果不佳。碱基的分布应是随机的，应尽量避免数个嘌呤或嘧啶的连续排列，尤其是 3′端不应超过 3 个连续的 G 或 C，否则易引起错误延伸。

3. 二级结构及引物间互补

两个引物在 3′端不应出现同源性，以免形成引物二聚体。3′端末位碱基在很大程度上影响着 *Taq* 酶的延伸效率。两条引物间配对碱基数应少于 5 个。引物自身配对若形成茎环结构，茎的碱基对数不能超过 3 个。

4. 引物浓度

引物浓度不宜偏高，浓度过高容易引起错配和非特异性扩增，且可增加引物之间形成二聚体（primer-dimer）的机会。一般说来，用低浓度引物不仅经济，而且反应特异性也较好。一般用 0.25～0.5pmol/μl 较好。

5. 引物的保存

引物一般用 TE 配制成较高浓度的母液（约 100μmol/L），保存于－20℃。使用前取出其中一部分用 ddH_2O 配制成 10μmol/L 或 20μmol/L 的工作液。

（五）模板

PCR 对模板的要求不高，单、双链 DNA 均可作为 PCR 的样品。原材料可以是粗制品，某些材料甚至仅需用溶剂一步提取之后即可用于扩增，但混有任何蛋白酶、核酸酶、*Taq* DNA 聚合酶抑制剂以及能结合 DNA 的蛋白，将可能干扰 PCR 反应。一般模板 DNA 的浓度为 0.1～2μg/100μl 体系。PCR 产量随模板 DNA 浓度的增加而显著升高，但是如果模板 DNA 浓度过高，则易导致非特异性产物增加。

三、PCR 的反应条件

PCR 反应条件为温度、时间和循环次数。基于 PCR 原理而设置变性－退火－延伸三步骤的三个温度点。在标准反应中采用三温度点法，即双链 DNA 在 90～95℃变性，再迅速冷却至 40～60℃，引物退火并结合到靶序列上，然后快速升温至 70～75℃，在 *Taq* DNA 聚合酶的作用下，使引物链沿模板延伸。对于较短靶基因(长度为 100～300bp 时)可采用二温度点法，除变性温度外，退火与延伸温度可合二为一。一般采用 94℃变性，65℃左右退火与延伸。

(一) 变性

一般情况下，93～94℃ 1min 足以使模板 DNA 变性，若低于 93℃则需延长时间，但温度不能过高，因为高温环境对酶的活性有影响。

(二) 退火

退火温度是影响 PCR 特异性的较重要因素。退火温度与时间取决于引物的长度、碱基组成及其浓度，还有靶基序列的长度。引物的复性温度可根据引物的 T_m 值来设定。T_m(解链温度)＝4(G＋C)＋2(A＋T)，复性温度＝T_m－(5～10℃)。在 T_m 值允许范围内，选择较高的复性温度可大大减少引物和模板间的非特异性结合，提高 PCR 反应的特异性。复性时间一般为 30～60s，足以使引物与模板之间完全结合。

(三) 延伸

PCR 反应的延伸温度一般选择 70～75℃，常用温度为 72℃，过高的延伸温度不利于引物和模板的结合。PCR 延伸反应的时间，可根据待扩增片段的长度而定：一般 1kb 以内的 DNA 片段，延伸时间 1min 已经足够；3～4kb 的靶序列需 3～4min；扩增 10kb 需延伸至 15min。延伸进间过长会导致非特异性扩增带的出现。对低浓度模板的扩增，延伸时间要稍长些。

循环次数决定了 PCR 扩增程度。PCR 循环次数主要取决于模板 DNA 的浓度。一般的循环次数选在 25～35 次，循环次数越多，非特异性产物的量亦随之增多。

目前，对核酸进行定量的 PCR 方法发展到荧光定量 PCR。荧光定量 PCR 指在 PCR 反应过程中，利用荧光染料在光刺激下释放的荧光能量的变化，直接、实时地反映出 PCR 扩增产物量的变化，荧光信号变量与扩增产物变量成正比，并通过足够灵敏的自动化仪器实现对荧光的采集和分析，以达到对原始模板量定量的目的。

第五节　DNA 限制性内切酶酶切技术

DNA 限制性内切酶(restriction endonuclease，RE)是一类能识别双链 DNA 特定碱基序列的核酸并水解 DNA 分子间磷酸二酯键的酶。这些酶都是在原核生物中发现的，为宿主抵御外来 DNA 的侵袭所用。

一、DNA 限制性内切酶的类型

根据酶的切割特性、催化条件及是否具有修饰性，DNA 限制性内切酶分为Ⅰ、Ⅱ、Ⅲ型三类。Ⅰ型酶和Ⅲ型酶在同一蛋白质分子中兼有切割和修饰(甲基化)作用且依赖于 ATP 的存在。Ⅰ型酶的识别位点和切割部位不一致,无固定的切割位点,不产生特异性片段。Ⅲ型酶在特异位点上切割,但切割位点在识别位点之外。Ⅰ型和Ⅲ型酶对基因工程的意义都不大。Ⅱ型酶就是通常基因工程中使用的 DNA 限制性内切酶,是重组 DNA 的基础。

二、DNA 限制性内切酶的工作原理

Ⅱ型酶需要 Mg^{2+} 作为催化反应的辅助因子,通常识别环状或线性双链 DNA 分子上的特定核苷酸序列,使 DNA 双链特定位置的磷酸二酯键断裂,两个裂口之间的碱基对的氢键也随之断开,产生具有 3′-羟基和 5′-磷酸基的 DNA 片段。这类酶可识别长度为 4～6 个核苷酸的回文对称特异核苷酸序列,有少数酶识别更长的序列或简并序列。其切割位点在识别序列中,有的在对称轴处切割,产生平末端的 DNA 片段(如 *Eco*RⅤ:5′-GAT↓ATC-3′);有的切割位点在对称轴一侧,产生带有单链突出末端的 DNA 片段,称黏性末端,如 *Hind*Ⅲ切割识别序列后产生两个互补的黏性末端:

```
5′…A↓AGCTT…3′      5′…A           AGCTT…3′
3′…TTCGA↑A…5′ ───→ 3′…TTCGA           A…5′
```

能产生相同黏性末端的限制性内切酶称为同尾酶,如 *Spe*Ⅰ和 *Xba*Ⅰ。

*Spe*Ⅰ产生的黏性末端为:

```
5′…A↓CTAGT…3′      5′…A           CTAGT…3′
3′…TGATC↑A…5′ ───→ 3′…TGATC           A…5′
```

*Xba*Ⅰ产生的黏性末端为:

```
5′…A↓CTAGA…3′      5′…T           CTAGA…3′
3′…AGATC↑T…5′ ───→ 3′…AGATC           T…5′
```

能识别相同核苷酸序列的限制性内切酶称为同裂酶,如 *Acc* Ⅲ与 *Bsp*EⅠ的识别序列都是 TCCGGA。有些同裂酶具有相同的切点,而有些却不同。

三、DNA 限制性内切酶的影响因素

影响 DNA 限制性内切酶活性的因素有 DNA 模板、反应缓冲液、温度等。

(一) DNA 模板

DNA 模板必须具备一定的纯度,酚、氯仿、EDTA、SDS 及高盐的存在均会影响限制性内切酶的活性。可通过增加酶的用量、扩大反应体积(可稀释污染物的浓度)或延长反应时间来提高酶切效果。DNA 分子的不同构型对限制性内切酶的活性也有影响。某些限制性内切酶切割超螺旋质粒 DNA 所需要的酶量比切割线性 DNA 所需酶量要高很多倍。通常 DNA 模板的浓度小于 0.4μg/μl,如果 DNA 浓度过高,则溶液过于黏稠而影响酶的扩散,并降低酶活性。

(二) 缓冲液

不同的酶都有对应的最佳缓冲液,应严格按照产品说明书操作。一般来说,缓冲液包括:提供 Mg^{2+} 和离子强度的 $MgCl_2$、NaCl/KCl;提供稳定 pH 的 Tris-HCl;保护酶稳定性的

二硫苏糖醇(DTT)和小牛血清蛋白(BSA)等。做双酶切反应时,若两者可用同一缓冲液,选择两种酶都具有最高活性的缓冲液进行同时水解;若需要不同的盐浓度,则先使用低盐浓度缓冲液的限制性内切酶酶切,再用高盐浓度缓冲液的限制性内切酶水解,也可在第一个酶切反应完成后,将酶切产物进行抽提纯化,然后再进行第二个酶切反应。

(三)酶切温度

不同限制性内切酶的最适反应温度不同,但大多数是37℃,少数是40～60℃,如*Apa* Ⅰ的最适反应温度为30℃,*Sma* Ⅰ为25℃,*Taq* Ⅰ为65℃。

(四)酶量

限制性内切酶用量可按标准体系1μg DNA加1单位酶,消化1～2h,若要完全酶解,可增加酶量或延长酶切时间。但是,加入酶的体积不能超过反应总体积的10%,否则甘油终浓度将达到5%以上,会抑制酶的活性,并且反应时间不宜过长,以免内切酶产生星活性,即识别并切割非特异序列位点,导致酶切条带增多。

四、限制性内切酶酶切反应的终止和鉴定

酶切结束后,有以下几种方法进行终止:加入0.1%SDS或者EDTA至终浓度为10mmol/L;80℃加热20min;用酚、氯仿抽提后乙醇沉淀。酶切结果可通过琼脂糖凝胶电泳进行鉴定。

(费小雯)

实验十七　紫外分光光度法分析核酸的纯度及浓度

一、实验目的

1. 学习紫外分光光度法测定核酸含量的原理和操作方法。
2. 熟悉紫外分光光度计的基本原理和使用方法。

二、实验原理

核酸分子结构中的嘌呤、嘧啶碱基具有共轭双键，在260nm处有最大紫外吸收值，根据朗伯-比尔定律，可以从紫外光吸收值的变化来测定核酸物质的含量。波长为260nm时，DNA或RNA的光密度A_{260}不仅与它们的总含量有关，也随构型而有所差异。当$A_{260}=1$时，双链DNA浓度约为50μg/ml，单链DNA和RNA浓度约为40μg/ml，寡核苷酸浓度约为20μg/ml。当DNA样品中含有蛋白质、酚或其他小分子污染物时，会影响DNA吸光度的准确测定。因为蛋白质分子由于芳香族氨基酸中共轭双键的存在导致在280nm处有最大紫外吸收值，因此同时检测同一样品的A_{260}、A_{280}，计算其比值可以测定该核酸的纯度：纯DNA的A_{260}/A_{280}约为1.8；纯RNA的A_{260}/A_{280}约为2.0。

三、仪器与试剂

1. 仪器

紫外分光光度计、离心管、移液器。

2. 试剂

核酸DNA样品、灭菌去离子水（ddH_2O）。

四、实验步骤

1. 紫外分光光度计开机预热10min。
2. 利用ddH_2O校零。
3. 取5μl样品，加ddH_2O 950μl进行稀释。
4. 设定紫外光波长，分别测定样品在260nm、280nm波长时的A值。
5. 用下式计算待测样品的浓度与纯度。

DNA样品的浓度（μg/μl）$=A_{260}\times$稀释倍数

DNA样品的纯度$=A_{260}/A_{280}$

五、注意事项

1. 样品的浓度不能过低或者过高，吸光度最好在0.1～1.5。在此范围内颗粒的干扰相对较小，结果稳定。

2. 应充分混合均匀，并且混合液中不能有气泡。

六、思考题

如果实验前测得 $A_{260}/A_{280}=1.8$，是否说明提取的 DNA 样品非常纯净？为什么？

（费小雯　王小英）

实验十八　聚合酶链反应扩增目的基因片段

一、实验目的

1. 掌握 PCR 基因扩增的原理和操作方法。
2. 理解 PCR 基因扩增技术在 DNA 操作中的重要性。

二、实验原理

聚合酶链反应(PCR)是利用 PCR 仪，通过多个循环短时间内扩增位于模板 DNA 上的靶序列的技术。每个循环包括三个步骤：

1. 变性。模板 DNA 加热到 94～95℃，双螺旋解开成为单链。
2. 退火。反应液温度降到 50～70℃，使引物与位于模板 DNA 上的靶基因序列互补配对结合，形成新的双链分子。
3. 延伸。靶基因-引物复合物在 DNA 聚合酶的作用下，以 dNTP 为底物，靶基因序列为模板，按碱基互补配对和半保留复制原理，合成一条新的与靶基因序列互补的 DNA 链。如此反复进行变性、退火和延伸这一循环，上一轮扩增产物充当下一轮扩增的模板，每完成一个循环，就使目的 DNA 产物增加一倍。在短短的 2～3h 内，就可以将靶基因的片段扩增放大几百万倍。

三、仪器与试剂

1. 仪器

PCR 仪、台式离心机、灭菌的微量离心管、凝胶电泳系统、凝胶成像紫外检测仪。

2. 试剂

核酸 DNA 样品、*Taq* DNA 聚合酶(5U/L)、10×PCR 缓冲液(含 Mg^{2+})、dNTP 混合物(dATP、dTTP、dGTP、dCTP 各为 2.5mmol/L)、引物(正向引物和反向引物各为 10μmol/L)、灭菌去离子水(ddH_2O)。

四、实验步骤

1. 在 PCR 仪上设计 PCR 反应程序：

(1)94℃预变性 2min；

(2)94℃ 30s；

(3)55℃ 30s；

(4)72℃ 1min；

(5)重复步骤(2)～(4)34 次；

(6)72℃ 5min；

(7)4℃冷却恒定。

2. 在 0.2ml PCR 管中，依次加入以下各成分：

ddH_2O	19.875μl
10×PCR 缓冲液	2.5μl
dNTP 混合物(2.5mmol/L)	0.5μl
正向引物(10μmol/L)	0.5μl
反向引物(10μmol/L)	0.5μl
Taq DNA 聚合酶(5U/L)	0.125μl
模板 DNA(20ng/L)	1.0μl
总体积	25μl

3. 混匀后，离心 2～3s，将 PCR 管放入 PCR 仪的样品槽中，按“START”键，启动 PCR 程序。

4. 采用 1.2%琼脂糖凝胶电泳分析 PCR 的扩增效果。

五、注意事项

1. PCR 反应要避免污染，所用仪器、试剂都应该无核酸和核酸酶的污染，操作过程中均应戴手套。

2. PCR 试剂配制使用的缓冲液、双蒸水、离心管及枪头要经高压灭菌。

3. 每添加一种反应成分，应更换一个枪头；混匀所有反应成分后，应离心，使反应液集中在离心管底部。

4. PCR 的反应成分应在冰浴上化开，并且要充分混匀。

六、临床意义

PCR 技术在临床上有广泛的应用。

1. 在法医学上检测 DNA，即使犯罪现场留下极少量的证据，如一滴血、一根毛发、少量口腔上皮细胞等，都可以利用 PCR 反应来大量扩增 DNA，进一步分析鉴定。还可用于亲子鉴定、性别鉴定等。

2. 进行遗传相关基因的检测，如苯丙酮尿症、杜氏营养不良症、α-地中海贫血症等。

3. 检测致病病毒及癌基因，如艾滋病病毒、肝炎病毒、原癌基因等。在致病病毒检测中，不仅可直接检测病毒粒子，还可以检测未成熟病毒。

七、思考题

PCR 与生物体 DNA 复制有何区别？

（费小雯　王小英）

实验十九　逆转录-聚合酶链反应扩增目的基因片段

一、实验目的

1. 了解逆转录-聚合酶链反应的原理。
2. 掌握逆转录-聚合酶链反应的技术和方法。

二、实验原理

逆转录-聚合酶链反应(reverse transcription-polymerase chain reaction，RT-PCR)是以RNA为模板的cDNA合成技术[即RNA的逆转录(reversetranscription，RT)]与以cDNA为模板的PCR技术的结合，可用于检测细胞中基因的表达水平及直接克隆特定基因的cDNA序列。因为cDNA包括了编码蛋白的完整序列而且不含内含子，只要略经改造便可直接用于基因工程表达和功能研究，因此RT-PCR成为目前获得目的基因的一种重要手段。

RT-PCR的基本原理是：首先是在逆转录酶的作用下以RNA为模板，在依赖于RNA的DNA聚合酶(逆转录酶)作用下，以dNTP为底物，在引物oligo(dT)$_{18}$或随机引物的引导下，合成互补于RNA的cDNA第一链；然后再利用DNA聚合酶，以cDNA第一链为模板，以dNTP为底物，在互补于靶基因序列的引物的引导下，复制出大量的cDNA目的片段。该技术主要用于分析基因的转录产物，获取目的基因，合成cDNA探针，构建RNA高效转录系统。

三、仪器与试剂

1. 仪器

PCR仪、离心机、微量移液器、RNase-free的离心管及枪头。

2. 试剂

总RNA(或mRNA)、酶抑制蛋白RNA(40U/μl)、10mmol/L的dNTP混合物(dATP、dTTP、dGTP、dCTP各为10mmol/L)、2.5mmol/L的dNTP混合物(dATP、dTTP、dGTP、dCTP各为2.5mmol/L)、引物oligo(dT)$_{18}$(2.5μmol/L)、引物(正向引物和反向引物各为10μmol/L)、5×逆转录合成缓冲液、10×PCR缓冲液(含Mg^{2+})、AMV逆转录酶(5U/μl)、*Tag* DNA聚合酶(5U/μl)、RNase-free灭菌水、灭菌去离子水(ddH_2O)。

四、实验步骤

1. RNA的逆转录

(1)在0.2ml RNase-free的离心管中依次加入：

dNTP混合物(10mmol/L)	1.0μl
RNA模板	0.5～1μg
引物Oligo(dT)$_{18}$	1.0μl

RNase-free H_2O 加至 10.0μl

混匀，70℃加热 10min（破坏二级结构）后，冰上放置 5min。

（2）在上述管中依次加入：

5×逆转录合成缓冲液	4.0μl
RNA 酶抑制蛋白	0.5μl
AMV 逆转录酶	0.5μl
RNase-free H_2O	加至 20.0μl

混匀，42℃反应 1h，95℃加热 5min，置于冰上。

2. PCR 扩增 cDNA

（1）在 PCR 仪上设计 PCR 反应程序：

①94℃预变性 2min；

②94℃ 30s；

③55℃ 30s；

④72℃ 1min；

⑤重复步骤②～④34 次；

⑥72℃ 5min；

⑦4℃冷却恒定。

（2）在 0.2ml PCR 管中，依次加入以下各成分：

ddH_2O	19μl
10×PCR 缓冲液	2.5μl
dNTP 混合物（2.5mmol/L）	0.5μl
正向引物（10μmol/L）	0.5μl
反向引物（10μmol/L）	0.5μl
Taq DNA 聚合酶（5U/L）	1μl
模板 cDNA（20ng/L）	1.0μl
总体积	25μl

（3）混匀后，离心 2～3s，将 PCR 管放入 PCR 仪的样品槽中，按“START”键，启动 PCR 程序。

3. 采用 1.2%琼脂糖凝胶电泳分析 PCR 的扩增效果。

五、注意事项

RT-PCR 实验中最重要的是要防止 RNA 酶的污染。

1. 做 RNA 逆转录实验时，使用 RNase-free 的离心管和枪头。

2. 操作过程中应始终戴一次性手套和口罩，并经常更换，以防止手、口中的细菌、真菌及 RNase 的污染。

3. 所有试剂和反应物都应放在冰上操作。

4. 做逆转录实验前，开启 PCR 仪预热 30min。

六、临床意义

RT-PCR 方法主要用于对 RNA 样品进行定性、定量检测，目前临床上广泛使用荧光

RT-PCR 对 RNA 水平进行监测。

1. 对感染的病毒 RNA 进行定量检测　如 HIV 感染后，潜伏期长短和临床症状轻重与血液中的病毒量显著相关，当 HIV RNA 水平低于 1500 个拷贝/ml 时，传播很少发生。因此，HIV RNA 水平的多少对临床诊断及治疗非常重要。

2. 细胞因子的表达分析　在许多炎症反应、自身免疫学疾病和器官移植排斥中的免疫致病途径中，细胞因子 mRNA 表达谱的可靠定量是很重要的。

3. 肿瘤耐药基因表达的研究　用于观察用药前后及复发时肿瘤细胞的耐药基因 RNA 表达变化，从而及时调整治疗方案和评价疾病的预后。

七、思考题

1. 如何提高 RT-PCR 的特异性和灵敏度？

2. RT-PCR 反应中避免 DNA 的污染应注意哪些问题？

（费小雯　王小英）

实验二十　DNA限制性内切酶酶切反应

一、实验目的

1. 了解限制性内切酶的特性，并根据具体目的设计适当的酶切体系。
2. 掌握酶切的基本原理和操作方法。

二、实验原理

本实验以λDNA作为实验材料。λDNA是大肠杆菌的一种温和噬菌体DNA，双股线状，分子大小约为50kb。*Eco*RⅠ酶可识别DNA中的5′-G↓AATTC-3′核苷酸序列，并在箭头处将其切开。λDNA含有5个*Eco*RⅠ酶识别位点，可将λDNA切成6个大小不同的片断，其大小分别为21.2kb、7.4kb、5.8kb、5.6kb、4.9kb、2.5kb。DNA的酶切后用琼脂糖凝胶电泳进行结果鉴定。

三、仪器与试剂

1. 仪器

水平式电泳装置、电泳仪、台式高速离心机、恒温水浴锅、微量移液器、微波炉、琼脂糖凝胶成像系统。

2. 试剂

(1)λDNA、*Eco*RⅠ酶及其酶切缓冲液、琼脂糖、DNA相对分子质量标准、灭菌去离子水(ddH_2O)。

(2)10×TBE缓冲溶液储存液：取108g Tris、55g硼酸和9.3g EDTA($EDTANa_2 \cdot 2H_2O$)溶于水，定容至1000ml，调节至pH 8.3。

(3)1×TBE缓冲溶液应用液：取10×TBE缓冲溶液100ml，加入蒸馏水900ml。

(4)6×电泳加样缓冲液：0.25%溴粉蓝，40%(*W/V*)蔗糖水溶液，贮存于4℃。

(5)1mg/ml溴化乙啶(EB)：称取EB 20mg于棕色试剂瓶中，加20ml双蒸水，溶解后贮于4℃备用，配制琼脂糖凝胶时每100ml凝胶加50μl EB。

四、实验步骤

1. 用微量移液器向灭菌的Ep管(0.5ml)中分别加入以下物质：

λDNA	1μg
10×酶切缓冲液	2μl
*Eco*RⅠ	0.5μl
ddH_2O	加至20.0μl

用手指轻弹管壁使溶液混匀，也可用微量离心机甩一下，使溶液集中在管底。

2. 将Ep管置于适当的支持物上，37℃水浴保温2～3h，使酶切反应完全。

3. 将酶切后的Ep管在65～70℃加热10min将酶灭活，以停止反应，置于冰箱中保存备用。

4. 取上述酶解液 10μl 用 1%琼脂糖凝胶电泳鉴定。

五、注意事项

1. 较小的反应体积容易受到移液器误差的影响，一般酶切反应体系的总体积为 20μl。

2. 高浓度的甘油会使许多限制性内切核酸酶的特异性发生改变，即导致酶产生星活性，因此，为避免这种情况的发生，一般将甘油的浓度控制在 5%以下。大多数酶都贮存于 50%的甘油中，在整个反应体系中酶的体积不要超过总体积的 10%。反应液中不要加入过量的酶，除考虑成本外，酶液中的微量杂质可能干扰随后的反应。

3. 内切酶一旦拿出冰箱后应当立即置于冰上。酶应当是最后一个被加入反应体系中的反应物，在加入酶之前所有的其他反应物都应当已经加好并已预混合完全。

4. 加入酶后，整个反应体系要再次混匀，才能发生完全反应，这非常重要。可用枪反复吸取混合，或是用手指轻弹管壁混合，然后再快速离心一下即可，不可振荡。

六、临床意义

某些疾病是由于基因突变造成的，而基因位点(一般为单个核苷酸的取代或少数几个核苷酸的缺失或插入)的突变正好影响了某种限制酶的识别位点(丢失或增加)，通过对这些与基因突变相关的酶切位点的分析，可进行突变基因的直接监测。这类酶切分析法常常和分子杂交法联合使用。例如 β 珠蛋白基因密码子 6 处有一 *Mst* Ⅱ 的识别位点(CC↓TGAGG)，而在 HbS 病人的 β 珠蛋白基因，因其密码子 6 由 GAG 突变为 GTG，破坏了 *Mst* Ⅱ 的识别序列，使得正常的两个杂交片段(1.15kb、0.2kb)消失，而出现一个异常的 1.35kb(1.15+0.2=1.35)片段。许多研究者应用 β-S 基因的这个特异性标志，直接用 *Mst* Ⅱ 酶解 β 珠蛋白基因相应区域的 PCR 产物进行 HbS 病的产前基因诊断。

七、思考题

1. 结合实验情况，如何提高限制性酶切反应的效率？

2. 如果底物 DNA 没有被切开，如何设计酶切反应的对照实验以找到酶切失败的原因？

(费小雯　王小英)

参考文献

1. 赵春久，齐树青. 实用电泳技术. 大连：大连海事大学出版社，1996.

2. 陈义. 毛细管电泳技术及应用. 北京：化学工业出版社，2006.

3. 周本正. 实用电泳及免疫电泳技术. 武汉：湖北科学技术出版社，1988.

4. 郭尧君. 蛋白质电泳实验技术. 北京：科学出版社，2005.

5. Richard J. Simpson. 蛋白质纯化手册. 茹炳根主译. 北京：化学工业出版社，2009.

6. 吴疆，童应凯，杨红澎. 生物分离实验技术. 北京：化学工业出版社，2009.

7. 汪家政，范明. 蛋白质技术手册. 北京：科学出版社，2000.

8. 樊绮诗，吕建新. 分子生物学检验技术（第二版）. 北京：人民卫生出版社，2007.

9. 郝福英，周先碗. 生物化学与分子生物学实验. 北京：高等教育出版社，2009.

10. 吴少辉，刘光明. 蛋白质分离纯化方法研究进展. 中国药业，2012，21(1)：1－3.

11. 牛瑞，秦胜利. 蛋白质分离纯化技术研究进展. 北京：化学科技市场，2010，33(4)：16－18.

12. 郭勇. 酶工程（第三版）. 北京：科学出版社，2009.

13. 梁传伟，张苏勤. 酶工程（第二版）. 北京：化学工业出版社，2006.

14. 王玉明. 医学生物化学与分子生物学实验技术. 北京：清华大学出版社.

15. 李冠一，林栖风，朱锦天，黄惜，等. 核酸生物化学. 北京：科学出版社，2007.

16. 查锡良，周春燕. 生物化学. 北京：人民卫生出版社，2008.

17. 李均敏，倪坚，刘光敏，等. 分子生物学实验. 杭州：浙江大学出版社，2010.

18. Joseph Sambrook，David W. Russell. 分子克隆实验指南（第三版）. 黄培堂等译. 北京：科学出版社，2002.

19. John M. S. Bartlett，David Stirling. *PCR protocols*（*Second Edition*）. New York：Humana Press，2003.

20. 唐曙明，何林，周克元. 核酸分离与纯化的原理及其方法学进展. 国外医学（临床生物化学与检验学分册），2005，26(3)：192－193.

21. 高基民. 分子诊断学实验指导. 北京：中国医药科技出版社，2010.

22. 钱士匀. 分子诊断学实验指导. 北京：高等教育出版社，2006.

23. 马文丽，李凌. 生物化学与分子生物学实验指导. 北京：人民军医出版社，2011.